陳深名，趙淵　著

硝煙
起的歲月

國軍密調
比核爆東京
讓美軍吃癟的神奇小徑……
從60場經典戰役看近代各國戰爭史

崩裂的秩序

BROKEN ORDER

戰爭要有武力，更要有權謀，且看本書各種精彩的奇襲戰略
平時只知道戰爭的始末，對於那些功不可沒的戰將了解多少？
今天是聯軍，明天就翻臉不認人？利益面前誰還跟你是朋友？
近代戰爭不僅是軍武上的較量，背後更隱藏著巨大的陰謀……？

崧燁文化

目錄

目錄

海戰篇

目錄

前言

　　有人說地球是一個充滿了火藥味的戰爭星球，而人類則是在哭泣中清醒和成長的。當我們把眼光穿進歷史的時空隧道裡，就會發現自從地球上出現了人類鮮活的足跡，戰爭之火就開始蔓延。

　　一次次的兵戈廝殺，使一個又一個活靈活現的生命遭到踐踏，肆虐得面目全非，慘不忍睹。特別是當我們「回首」二戰的歷史，那一幅幅慘烈而血腥、悲壯而雄渾的歷史畫面，更讓人們難以忘卻。

　　而這一次，我們又把這個世界、這個地球、我們人類曾經遭受過的悲慘場景展現出來。近代的戰爭並不像古代戰爭那樣「兵來將擋，水來土掩」，但是還會沿襲古代的一些作戰方法，比如當德國的 U 型潛艇幽靈般地施展「狼群戰術」的時候，卻被英國軍隊的聲納看得清清楚楚，最後深水炸彈為它們敲響喪鐘。

　　本書為了再現戰爭的全景，真實地展現昔日硝煙彌漫的戰場，分為了陸戰、海戰、空戰三部分，以時間為經，事件為緯，記錄了歷史戰爭中的很多經典戰役和一些鮮為人知的戰爭真相。

　　本書也詳細描述了各次戰爭中的精彩經過，並且透過作戰實力、戰場對決、知識拓展三部分來幫助讀者更真實、更全面地了解戰鬥的過程，告訴人們歷史上曾經進行過一場曠日持久的、你死我活的搏鬥，讓人們彷彿又回到了戰場當中，聽到了戰場上傳來的隆隆炮火聲。

前言

陸戰篇

日俄戰爭〈1904〉——
在協力廠商戰場上進行的瓜分遊戲

◇作戰實力◇

日本與俄國軍事力量對比

	可動員總人數（萬）	陸軍人數（萬）	火炮（門）	戰艦（艘）
日本	118.5	37.5	1140	80
俄國	375	9.8	148	200

◇戰場對決◇

鷸蚌相爭，倒楣漁翁

沒有能力保護自己的東西就注定會被搶。19 世紀後期，列強瓜分世界的鬥爭開始了。

在這種情況下，沙皇俄國把注意力轉向了遠東，妄圖吞併中國整個東北地區，並且在沿海尋覓常年不凍港。俄國侵占中國領土的主要手段之一，就是修築西伯利亞大鐵路。尼古拉二世公然聲稱：「俄國無疑必須領有終年通行無阻的港口，此一港口應在大陸上（朝鮮半島東南部），並且必須與我們以前領有的地帶相連。」

俄國正做著美夢，沒想到西元 1894 年 7 月，日本在美英帝國主義慫恿下，發動侵略中國和朝鮮半島的甲午戰爭，打敗了清軍。清政府被迫簽訂《馬關條約》，把遼東半島割讓與日本，這和俄國圖謀獨占中國整個東北的侵略計畫水火不相容。消息傳出，俄國統治集團大嘩，不惜以武力強迫日本放棄遼東半島。他們認為這樣一來，中國就會把俄國當作「救星」，下一步文章

就好作了。

為了對日本施加壓力，沙皇政府於 1895 年 4 月 17 日（即《馬關條約》簽字當天）夥同德法兩國共同對日干涉，演出了一場「三國干涉還遼」的鬧劇。

當時日本經過甲午戰爭的消耗，一時無力進行新的戰爭，在三國壓力下，被迫「拋棄遼東半島之永久領有」這樣，俄國就成了戰勝國的戰勝國。

隨後，俄國以「還遼有功」為藉口，對清政府敲詐勒索。1896 年，誘逼清政府接受《中俄密約》，隨即索取了修築中東鐵路及其支線等特權。1897 年底，俄國艦隊擅自闖進中國旅順口；翌年 3 月，沙皇政府以軍事壓力為後盾，強行向中國政府「租借」旅順、大連及其附近海域，霸占整個遼東半島，從而在遠東取得了夢寐以求的不凍港。

兵不厭詐，偷襲「鼻祖」襲旅順

雖說這一戰涉及地域比較廣，但讓雙方爭奪的焦點都是旅順。旅順是俄國在遠東攫取的唯一的不凍港，是太平洋分艦隊的主要基地。整個日俄戰爭期間，始終貫穿著雙方對這一戰略要地的爭奪，實質上是爭奪對戰爭全域具有決定意義的制海權。

1904 年 2 月 5 日，日方決定和俄國斷交。同時，日本天皇指示開始軍事行動。日本聯合艦隊司令東鄉平八郎於 2 月 6 日凌晨 12 點召集下屬指揮官，傳達天皇的決定，並且命令全艦隊開赴黃海，分別攻擊停泊在旅順和仁川（濟物浦）的俄艦。

2 月 8 日白天，一艘英國汽船駛進旅順，日本駐旅順領事立即撤僑。阿列克謝耶夫等高級將領對此也等閒視之。

此時，日本東鄉艦隊正向旅大方向開進：2 月 8 日午夜，在海岸燈塔和

俄艦探照燈光照射下，日艦盯住俄國艦隊，在近距離發射了 16 枚魚雷，其中 3 枚命中目標，重創俄國最好的 3 艘艦隻，揭開了戰爭的序幕。

爆炸聲和炮聲驚動了整個旅順。當時俄國艦隊軍官正在城裡舉行晚宴，慶祝艦隊司令施塔克將軍夫人的命名日。要塞內不知道港灣裡出了什麼事。司令部查問，下面回答說是實彈射擊。直到黎明時發現港口附近被擊中的船骸，才真相大白。

日本艦隊的突然襲擊給俄國艦隊造成了重大損失。日艦雖取得了海上的相對優勢，但還沒有完全掌握制海權，因為俄國艦隊沒有被全部消滅。

旅順不「順」，拉鋸戰中損兵折將

只要旅順繼續掌握在俄國手中，它的艦隊就隨時會威脅在「南滿」登陸的日軍海上交通線。不占領旅順，日軍無法在東北進行大規模的地面作戰。因此，在將近 1 個月的時間內，日方積極準備對旅順的第 2 次進攻，專門編組了執行這項任務的第 3 軍，任命乃木希典為軍長，此人頗有來頭，甲午戰爭時擔任旅長，曾一舉攻克旅順。

日本人的縝密和俄國人的糊塗形成鮮明對比。此時，防守旅順周邊各隘口的俄軍第 44、第 7 兩個師，兵力約 1.6 萬人，火炮 70 門，另有戰艦支援。但在斯捷塞爾指揮下，節節敗退。7 月 30 日，俄軍放棄旅順周邊最後一道天然屏障 —— 狼山，甚至連日本人也沒有想到俄軍退卻如此之快。

日方鑑於自己兵力不足，而此時俄國增援部隊正源源開到遠東，戰爭曠日持久對日不利。因此，日本統帥部利用沙河會戰後俄軍按兵不動之機，將全部後備力量投入對旅順的攻擊，力爭盡快奪取旅順。

9 月 19 日，日軍發動第 2 次強攻，到了 10 月 30 日，發起了第 3 次強攻，但仍然沒有取得重大進展。大山岩命令乃木希典交出指揮權。暫時由總參謀

長兒玉源太郎指揮，兒玉對炮兵的運用遠遠強於乃木，經過調整部署後，一天就攻克了 203 高地。

高地的陷落，基本上決定了旅順戰局的命運。日軍在高地上建立觀察哨，校正炮兵射擊，以大口徑榴彈炮襲擊俄國艦隊，1 月 2 日俄方正式簽訂投降文書。

◇知識拓展◇

日俄戰場上的「中國間諜」

中國文壇巨匠魯迅的「棄醫從文」就是始於這場戰爭中的那段錄影，錄影上是為俄國人當「間諜」的中國人被日本人抓住處死的鏡頭。那這些中國人是怎麼變成「間諜」的呢？

日俄戰爭在中國領土東北地區進行，腐敗無能的清政府竟宣布局外「中立」，日俄兩國只是表面上承認中國的中立。實際上中國外務部通電中明確聲明：「（東北）三省城池衙署、民命財產，兩國均不得損傷。」然而日俄兩國卻膽大妄為，公然破壞中立條規和聲明。

9 月 16 日，日俄兩軍在沙河沿交戰，藏於屯中的李繼常等 9 人「均被槍決斃命」。日軍則誣平民為「間諜」，「成批殺害」，奉天各縣均有一兩百人被殺害。1904 年 9 月 24 日，增祺派一名高等官兵部下到沙河堡偵查日俄舉動，竟被日軍「處以軍律」。奉天委員馬文卿縣令往新民查帳，竟被誣認為俄國間諜，「遂被日軍殺害」。

凡爾登戰役〈1916〉——
戰役中的「絞肉機」

◇作戰實力◇

凡爾登戰役雙方投入兵力及損失情況

	師團	火炮	飛機	迫擊炮	傷亡人數
德國	24 個師	2,079 餘門	約 170 架	202 門	43.3 萬
法國	69 個師	630 餘門	-	-	54.3 萬

◇戰場對決◇

為拿下凡爾登做充分的準備

1916 年初，德意志帝國統帥部決定把戰略的重點進行西移，德軍的總參謀長法金漢也將打擊的目標鎖定在了法國境內著名的要塞凡爾登。

凡爾登是英法軍隊戰線的突出部，它就像一隻伸出的利爪，對深入法國北部的德軍側翼造成了嚴重的威脅，而德法也曾經在這裡多次進行過交手，可是德軍一直都沒能夠奪取要塞。如果這一次德軍能夠一舉奪取凡爾登要塞，那麼必將沉重打擊法軍的士氣。而且，德軍只要占領了凡爾登要塞，也就等於打通了德軍邁向巴黎的通道。這樣一來再把巴黎一占領，法國就不攻自滅了，而剩下的英、俄兩軍根本可以說是不足為懼了。

從 1916 年 1 月分開始，法金漢就悄悄結集部隊，準備進攻凡爾登。與此同時，德國也明目張膽地向香貝里增兵，做出假裝要向香貝里發動攻勢的姿態。最後法軍總司令霞飛果然上當了。自從 1914 年德軍無力攻克凡爾登，把進攻方向進行轉移之後，法國人就認為凡爾登要塞已經過時，而法軍總司

令霞飛也隨即在 1915 年停止對凡爾登要塞的強化修補工作。

　　而這一次，德軍向香貝里移動的動作讓霞飛感到異常警惕，他認為德軍可能會向香貝里發動進攻，然後從這裡攻取巴黎。其實霞飛不知道，德國人這個時候也正在繼續往凡爾登方向悄悄集結兵力。隨著結集跡象的越來越明顯和行動的不斷暴露，英法聯軍終於明白了德軍的真正意圖。這一下讓霞飛慌了神，他火速下令向凡爾登增兵。可是到了 2 月 21 日，也僅僅才有兩個師趕到凡爾登。

德軍炮火準備

　　而在 2 月 21 日 7 點 15 分，德軍就開始進行炮火準備了。為了能夠隱蔽主突方向，德軍炮兵分布在寬 40 公里的陣地上。而且對凡爾登城鎮正面上同時實施炮擊，德國也第一次使用航空兵對法軍陣地進行轟炸，摧毀了一部分防禦陣地，並且造成了大量有生力量的死亡。

　　在下午 4 點 45 分，德軍的步兵也開始發起衝擊，當天就占領了第一道防禦陣地。在以後四天當中，又先後攻占了第二、第三道防禦陣地，向前推進了 5 公里，占領了重要支撐點 —— 杜奧蒙村。

　　2 月 25 日，法軍統帥部任命第 2 集團軍司令菲利普·貝當成為凡爾登前線指揮官，他決定調集一切可以動用的部隊，決心要在凡爾登地區與德軍決一死戰。26 日，貝當下令奪回杜奧蒙村。可是法軍經過了四天的激戰，最後損失慘重，還是沒有奪回杜奧蒙村。

　　從 2 月 27 日開始，法軍利用唯一能夠與後方保持密切聯絡的巴勒迪克 - 凡爾登公路，又稱「聖路」，源源不斷地向凡爾登調運部隊和物資。在一週之內就籌集了 3,900 輛卡車，運送人員多達 19 萬、物資 2.5 萬噸，這可以說是戰爭史上首次大規模汽車運輸。由於法軍大批援軍的及時趕到，能夠投入到

戰鬥中，加強了縱深防禦，對戰役的進程產生了重大影響。

到了月底，德軍的彈藥消耗很大，而且由於戰略預備隊沒有及時趕到，攻擊力銳減，從而喪失了突破法軍防線的時機。

德軍正面進攻

3月5日起，德軍開始擴大正面進攻，並且將主突的方向轉移到默茲河西岸，企圖攻占304高地和295高地，目的是為了解除西岸法軍炮兵的威脅，一舉從西面包圍凡爾登；同時也繼續加強東岸的攻勢，由急促攻擊改為穩步進攻，最後在遭到法軍頑強抵抗之後，付出了巨大的傷亡，而且戰果非常不好，僅僅是攻占了幾個小據點。4月到5月期間，德軍集中的兵力、兵器包括使用噴火器、窒息性毒氣和轟炸機，對西岸法軍實施重點突擊，可是每次當步兵抵達304高地和295高地一線後，就會遭到法軍炮火的猛烈反擊，至此德軍被迫在5月底停止進攻。

在東岸，法軍頻繁輪換作戰部隊，不斷實施反擊，與德軍進行反覆爭奪，讓德軍的進攻非常艱難。6月初，德軍再次發動大規模攻勢，最後經過七天的激戰，切斷了沃要塞與法軍其他陣地的聯絡，迫使沃要塞守軍於7日投降。

6月下旬，德軍首次使用光氣窒息毒氣彈和催淚彈猛攻蘇維要塞，僅僅是在4公里寬的作戰戰場上，德軍就發射了11萬枚毒氣彈，從而給法軍造成了重大傷亡，一度抵達距離凡爾登要塞不足3公里處，可是最後還是被頑強的法軍給擊退了。

戰役結束

俄軍在1916年夏季進攻戰役和西線索姆河戰役開始後，德軍在凡爾登

方向就再也沒有投入新的兵力，之後的進攻行動只是為了牽制正面的法軍。

就這樣，經過數月的苦戰，德軍雖然在凡爾登以北、以東地區進入法軍防線 7 ～ 10 公里，可是都沒有達成戰役的突破。8 月 29 日，法金漢被免職，之後由興登堡元帥接任德軍總參謀長。

9 月 2 日，德國最高統帥被迫批准停止進攻。10 月 24 日，法軍發起了大規模的反攻，於 11 月初收復了杜奧蒙村和沃要塞。

12 月 15 ～ 18 日，法軍再一次發動反攻，基本上收復了被德軍所攻占的陣地，而戰役至此也結束。

在將近 10 個月的交戰中，雙方共投入了 200 萬的兵力，發射了 4,000 萬發炮彈，傷亡人數多達百萬人，成為了戰爭史上的紀錄，而凡爾登戰役也成為了駭人聽聞的「絞肉機」和「人間地獄」。

◇知識拓展◇

凡爾登

凡爾登位於默茲河畔，地處丘陵環繞的谷地，西距巴黎 225 公里，東距梅斯 58 公里，有「巴黎鑰匙」之稱。

凡爾登在古代為高盧城堡，西元 843 年，查理大帝的 3 個孫子曾在此訂立瓜分加洛林王朝的《凡爾登條約》，建立東、中、西法蘭克王國，形成德、義、法三國的雛形。之後，凡爾登歸屬多次發生變化。

1648 年凡爾登歸屬法國後，法國在周圍險要處陸續修建了一系列炮臺，遂成為要塞，也成為了普、法兩國的爭戰之地。1792 年被奧、普聯軍攻占。普法戰爭中再次被普軍占領，直至 1873 年。

第一次世界大戰中，1916 年德國發動凡爾登戰役。第二次世界大戰中，

凡爾登又成為了馬奇諾防線上最為重點的要塞之一，到了 1940 年 6 月被德軍占領，1944 年 8 月為法國收復。戰後，幾經重建，現在成為了旅遊勝地。

華沙戰役〈1920〉——
前蘇聯挑起的非正義戰爭

◇作戰實力◇

華沙戰役雙方作戰力量一覽表

	西部方面軍		西南方面軍	
蘇俄	司令員圖哈切夫斯基，革命軍事委員會委員翁什利赫特、捷爾任斯基		司令員葉戈羅夫，革命軍事委員會委員史達林、別爾津	
波蘭	第 5 集團軍	第 1 集團軍	第 2 集團軍	第 3、4 集團軍
	人數大約為 25,000～30,000 人	人數 30,000 人	人數大約10,000～12,000 人	人數大約 30,000多人

◇戰場對決◇

蘇俄部隊與波軍的一場爭鬥

華沙戰役是在原蘇俄國內戰爭和外國武裝干涉時期，由原蘇俄西部方面軍在 1920 年 7 月 23 日至 8 月 25 日對波蘭地主資產階級軍隊發動的一場進攻性的戰役。當時原蘇俄軍隊指揮部確定華沙戰役的主要目的是澈底消滅敗退的波軍，從而一舉攻占華沙。

當時的初步計畫是規定以兩個方面軍的兵力，即以西部方面軍（司令員

圖哈切夫斯基，革命軍事委員會委員翁什利赫特、捷爾任斯基）和西南方面軍（司令員葉戈羅夫，革命軍事委員會委員史達林、別爾津）的兵力，沿向心方向朝華沙進攻。

到了 7 月 22 日，西部方面軍已經在白俄羅斯境內擊敗波蘭的白匪第 1、4 集團軍，而且還將部隊推進到了大諾夫哥羅德、斯洛尼姆地區。7 月 23 日，總司令卡梅涅夫因為過高地估計了自己的力量，所以擅自決定改變原來的作戰計畫，命令西部方面軍部隊不做任何休息，繼續對潰敗的波蘭軍隊進行追擊，目的是要澈底粉碎敗退的波軍，並且在 8 月 12 日以前強渡維斯瓦河，攻占華沙。

與此同時，西南方面軍也接到命令不向盧布林和華沙進攻，而是向利維夫進攻。從 7 月底開始，兩個方面軍又開始沿著離心方向進行進攻。到了 8 月 10 日，西部方面軍行進到了姆拉瓦、謝德利切、盧巴爾圖夫等地區。而西部方面軍司令員當時認為波軍一定會向華沙撤退，所以決定在 8 月 10 日要以主力（第 4、15、3、16 集團軍）從北面迂迴華沙，從而強渡維斯瓦河，然後從西面進行突擊，一舉攻占波蘭的首都。

從 8 月 12 日起，第 3、15 集團軍就在華沙東北郊與波蘭第 5 集團軍進行交戰，而第 4 集團軍和第 3 軍騎兵則繼續從北面迂迴華沙。8 月 13 日，第 16 集團軍的第 27 師和第 3 集團軍的第 21 師打響了奪取拉季明的戰鬥，而此地區距離華沙只有 23 公里。

正當攻占華沙之戰在西線打響的時候，西南方面軍在利維夫方向同樣進行著艱苦的戰鬥，可是收到的效果甚微。而且，西南方面軍第 12 集團軍及與其毗鄰的西部方面軍莫齊爾集群（兩者兵力都很少）又都遠遠落後於進攻華沙的第 16 集團軍，無法前來進行支援。

　　而且由於蘇聯軍隊已經連續進攻多日，所以士兵各個疲憊不堪，戰鬥實力大減。當抵達維斯瓦河附近時，由於損失過於嚴重，有幾個師的人數已經不足 500 人；不少團的人數甚至還不到一個連。整個方面軍總共就剩下了45,000 人左右。而西部方面軍也開始向西挺進，越來越遠離補給基地，彈藥和糧食供應不及時，這已經成為最主要的問題。最後，軍隊準備強渡維斯瓦河的時候，又由於渡河器材的數量有限，耽誤了大量的時間。

民族感情讓波軍士氣大增

　　這個時候，波蘭統治集團很好地利用了民族感情這一「利器」，在國內掀起了一股民族主義的狂熱。後來，在協約國的援助下，波軍的第 1、4 集團軍得到補充，並且新成立了幾個師。

　　新建的第 5 集團軍人數大約為 25,000 ～ 30,000 人，在華沙以北地區集中；第 1 集團軍人數 30,000 人在首都附近展開行動；並且還有在華沙南面的維斯瓦河對岸展開行動的，從烏克蘭調來的第 2 集團軍，人數大約 10,000 ～ 12,000 人；第 4 集團軍和第 3 集團軍部分兵力大約 30,000 多人，則在登布林和盧布林地域進行部署。到了 8 月 13、14 日，與西部方面軍作戰的波軍總人數已經大約有 11 萬人，兵力遠遠超過了蘇俄軍隊的一倍以上。

　　波蘭軍隊的指揮部根據當時局勢確定了一個行動計畫：以第 5、1、2 集團軍的兵力消耗和削弱西部方面軍的基本集團，而以第 4 集團軍和第 3 集團軍的部分兵力先從南面向其側後實施反突擊，之後再進行總攻，在華沙方向擊潰西部方面軍。

　　而當時蘇俄總司令和西部方面軍司令員都沒有識破波軍的企圖，也輕視了波軍反突擊集團的集結，所以軍隊沒有做好抗擊反突擊的準備。西部方面軍在擊退敵人越來越頑強的抵抗後，在 8 月 13 日太陽下山前進入了茹羅明、

得羅賓、塞羅茨克、奧謝茨克一線。此時，第3、16集團軍企圖從行進間一舉突破華沙築壘地域，但是沒有成功。

在8月14～16日的戰鬥中，波蘭第5集團軍利用蘇俄軍隊的第4、15、3集團軍的行動不協調，在弗克拉河地區有效阻止了蘇俄軍隊的進攻，而且又在華沙近郊阻止了第16集團軍的前進。

8月16日，波蘭第3、4集團軍開始進攻，在8月16、17兩天內就挺進了60～80公里，到達斯瓦瓦特切、謝德爾采、明斯克-馬佐維茨基地區，一下子就插到了第16集團軍的翼側和後方。

全面總攻作戰開始

8月18日，波軍各集團軍全面轉入總攻。西部方面軍在前幾次戰鬥中已經被削弱，現在又沒有預備部隊可以使用，所以根本無力阻止敵軍進攻，於是被迫開始向東部撤退。

到了8月25日，西部方面軍撤至利普斯克、斯維斯洛奇、布列斯特-立陶夫斯克以東15公里處，西部方面軍終於在這一地區阻止了波軍的繼續前進。而第4集團軍各部和第15集團軍的兩個師無力向東進行突圍，最後只好撤往東普魯士，結果就在那裡被扣留了。

其實，西部方面軍在華沙戰役中之所以被打敗，主要是因為敵人當時擁有很明顯的兵力優勢，而且方面軍之間沒有很好地協同合作，再加上西部方面軍的兵力使用不當，方面軍首長和總司令對戰局情況的錯誤判斷，又沒有後援部隊，特別是軍隊的裝備和給養無法保障。這一切原因都導致了西部方面軍的失敗。

雖然華沙戰役失敗了，但這並不意味著整個戰爭的失敗。波軍由於在華沙戰役之前已經遭遇了多次慘敗，心有餘悸，而畢蘇斯基政府很快就在1920

年的 10 月同意締結和約，當時給出的條件遠比資產階級波蘭發動戰爭之前，原蘇聯政府向其提出的條件更加惡劣和苛刻。

特別需要指出的是，在這次戰役之前，前蘇聯一直是伸張正義、不主張侵略的一個國家。可是就是在這場戰爭中，由於前蘇聯是非正義的侵略戰爭，才讓波蘭統治集團很好地利用了民族感情這一「利器」，對前蘇聯的侵略進行了頑強抵抗。

◇知識拓展◇

米哈伊爾‧尼古拉耶維奇‧圖哈切夫斯基

西元 1893 年生於斯摩倫斯克省多羅戈布日縣亞歷山德羅夫斯科耶莊園（今斯摩倫斯克省薩福諾沃區斯列德涅沃村附近），1914 年畢業於亞歷山大軍事學校，獲中尉軍銜。參加過第一次世界大戰，1915 年被俘，1917 年逃回俄國。1918 年加入蘇聯共產黨，並參加蘇軍。

國內戰爭期間，先在全俄中央執行委員會軍事部工作。戰後，圖哈切夫斯基任工農紅軍軍事學院院長。1931 年任蘇聯副陸海軍人民委員和蘇聯革命軍事委員會主席，兼任工農紅軍裝備部部長。1934 年起任副國防人民委員，1935 年與亞基爾成功舉行震驚世界的基輔軍區大演習。1936 年起任第一副

國防人民委員兼軍訓部部長。1937 年，突然被解除副國防人民委員職務，任窩瓦河沿岸軍區司令。6 月被祕密逮捕，隨即被槍決。

平型關大捷〈1937〉——
打破日軍「不可戰勝」的神話

◇作戰實力◇

平型關戰役中八路軍與日軍軍事力量對比

	參戰部隊	指揮官	參戰部隊總人數
八路軍	八路軍第一一五師獨立團、第六八五團、第六八六團、第六八七團	林彪，聶榮臻	約 6,000 餘人
日軍	日軍第五師團（即板垣師團）第二十一旅團一部，步兵第二十一聯隊輜重部隊	三浦敏事少將，浜田大佐	約 1,000 多人

◇戰場對決◇

制定第二戰區平型關戰役計畫

1937 年初秋，南口前線的部隊正在抗擊日軍板垣師團的猛烈攻擊。與此同時，日軍的東條縱隊也同時加緊猛攻張家口。當時的守軍第二十九軍劉汝明部不戰而退，閻錫山的第 61 軍由於反攻不利，最後張家口失守，南口危在旦夕。而日軍的下一個目標就是第二戰區閻錫山苦心經營的山西。

1937 年 8 月 28 日，第二戰區司令長官閻錫山為了表示自己抗戰的決心，他把行營設在了雁門關下的嶺口村一所窯洞，而且與八路軍總政委周恩來經

過會商，制定了《第二戰區平型關戰役計畫》。

閻錫山判斷，日軍為了運送部隊、軍火，會使用機械化部隊，發揮其優勢，而且必然會把矛頭指向大同。為此，閻錫山部署了大同會戰計畫。可是實際情況發展是：9月上旬，東條縱隊和偽蒙軍沿著平綏線擊破了李服膺部防守永嘉堡、天鎮間的國防工事，直抵陽高城下。而李部一路逃到桑乾河以南，日軍於9月13日開始攻占大同，另外一部分敵軍的主力板垣師團則指向平型關，意圖抄雁門關後路，然後共同夾擊太原。

山西戰役正式打響

從9月10日開始，日軍阪垣第五師團開始攻擊靈丘，山西戰役正式打響了。經過激戰，日軍擊敗了晉軍73師，正一步步逼近平型關。由於73師的傷亡慘重，閻錫山派孟憲吉率獨立八旅火速趕往平型關進行堅守。與此同時，包括八路軍115師在內的多支中國部隊開始向平型關集中，也開始向進攻平型關的日軍第二十一混成旅團發起反攻。

由於閻錫山的錯誤判斷，日軍在虛晃一槍之後直撲平型關而來。這個時候閻錫山急忙調集兵力在平型關與敵人進行會戰。

也就在這時，9月3日國民政府發布命令，將八路軍劃歸第二戰區統轄。閻錫山在得知這一消息之後，便發電給朱德、彭德懷，要求八路軍火速前往平型關前線。這個時候，平型關的前線已經集結了各路人馬，一支支中國軍隊開始奔赴沙場。

9月10日，八路軍115師接到命令，從五臺山出擊，潛行到平型關的東南部，對敵人的後面進行攻擊。

當時林彪對此作戰方案並不積極，可是周恩來卻堅持主張，而且毛澤東也主張第八軍不宜在正面戰場與日軍進行決戰。

9月17日，毛澤東電告周恩來、朱德：「紅軍此時是支隊性質，不起決戰的決定作用。」9月18日，毛澤東致電已經奔赴前線的朱德、任弼時：「我林（彪）師已當敵之正面，處於完全被動之地位，賀（龍）師不能再用此方法，應速向晉西北轉進……可向閻錫山提出賀師以五寨、神池、平魯為根據地，向綏遠游擊，鉗制敵軍南下。」但是在這個時候，八路軍已經不能後退了。

在敵軍第五師團板垣征四郎的主力進攻平型關及團城口的時候，由於情況緊急，八路軍撤退到關右山區楊鎮，同時派出了一支部隊占領河南鎮以北的一個高地，這樣就切斷了日軍的後路，而另外派出一支部隊從關溝進出，以便與友軍進行緊密的配合。

9月23、24日，敵軍開始進攻，對15軍造成了嚴重的打擊，第二營官兵傷亡嚴重，當時幸虧第一營陳寶山的部隊及時增援，牽制住了敵軍，與第二營形成了夾擊形勢，這才把日軍打跑。

9月25日，處於隱蔽位置的第115師林彪將軍得到一個消息，日軍第5師團第21旅團第21聯隊第三大隊和輜重部隊一部大約400多人前來，很多人都是徒手，只有少數人拿著步槍，於是決定對其進行殲滅。9月25日晨5點半左右，敵人的第一輛汽車進入八路軍的埋伏圈，聶榮臻傳令：「沉住氣，沒有命令不許開火。」

就這樣，等敵人的汽車、大車進入伏擊圈後，115師某團5連連長曾賢生率全連首先向敵人進行衝殺，用手榴彈炸毀敵人的最後一輛汽車。此時，敵人的退路已經被截斷，於是開始拚命衝殺，反覆爭奪公路兩側制高點——老爺廟。後來，敵人的爭奪失敗，這也預示著被圍殲的滅頂之災，於是敵人企圖衝破獨8旅陣地進行逃命，而獨8旅把一線配備改為縱深配備，拼

死抵抗。

這樣激烈的戰鬥一直持續到 27 日的白天，敵人最終沒能衝破包圍，敵人的板垣師團 21 旅第 21 聯隊第三大隊及輜重部隊遭到了殲滅性的打擊。但是由於敵人死不繳械，日軍全部被擊斃，當然，中國軍隊的傷亡也非常嚴重。

最後，參加戰鬥的八路軍大獲全勝，殲滅日軍 400 餘人，其中百餘人是日軍文職人員及朝鮮勞役，毀滅敵汽車 80 餘輛，機車 3 輛，步槍 300 餘支。

鷂子澗激戰

9 月 26 日，日軍為了阻擊陳 61 軍的進攻，從鷂子澗和平型關正面抽掉兵力進行援助，占領了迷回北山。而程團官兵多次上書請戰，為國殺敵立功，他們一舉攻下迷回北山，連挫敵人的反撲之勢，不待主力部隊到來，他們就好像是脫弦之箭，一舉占領了鷂子澗。

當天，日軍就集中優勢火力，在猛烈炮火的掩護下向程部進行反撲，程團長指揮士兵與敵人進行肉搏。由於兵力懸殊，敵人最後衝入了村內，而程團士兵無一人後退，與敵人進行逐院逐巷的爭奪。

由於敵人的援軍不斷增加，程團最後彈盡援絕，全團官兵近千人，包括團長程繼賢在內全部壯烈犧牲。

程團屢立戰功，以未滿千人與超過一個聯隊的強敵進行拼殺，真是令敵人膽寒，程團的英勇作戰為大部隊的殲敵計畫贏得了戰機。

東跑池血戰

東跑池位於平型關偏東北處，是保衛平型關正面的要點，孫楚 33 軍之獨立 8 旅在此進行布防，從 9 月 23 日到 26 日，敵我雙方一直在反覆爭奪東跑池，結果這樣來來回回形成了拉鋸戰。後來，據當時一營營長回憶：他親

眼看到山坡上到處都是敵人的屍體。

到了 27 日，孟憲吉旅長親自來到陣地督戰，看到一營血戰 5 晝夜，原有 500 多人的一營，現在只剩下了 148 人，於是就換掉獨立 8 旅，命令 622 團接防。

茹越口失守，全線撤退

中國在部署與平型關的敵人進行圍殲決戰的時候，日軍的東條縱隊趁平型關鏖戰之機，於 9 月 28 日一舉突破恆山、雁門關的接合部茹越口，楊澄源的 34 軍退入繁峙。

而為了進一步保衛平型關戰場的安全，梁鑒堂旅長親自率領僅有一個營的士兵進行衝殺，企圖奪回山口。可是由於兵力太少，梁旅長和大部分官兵都犧牲了，王靖國又急命方克猷旅長反攻茹越口，但是方旅長又被敵衝垮。29 日，敵人占繁峙城，嚴重威脅到中國軍隊主戰場側後。

9 月 30 日，閻錫山召集前線將領會議，決定進行全線撤退。在 10 月 2 日夜，全線開始撤退，平型關撤退也意味著平型關戰役的結束。

◇知識拓展◇

平型關

平型關是內長城的一個關口，位於山西省大同市靈丘縣白崖台鄉，中華人民共和國成立前屬於繁峙縣管轄，成立後劃分為靈丘的一部分，成為了靈丘同繁峙的分界線，並把嶺北原屬繁峙縣的東跑池等幾個村也劃歸靈丘縣的平型嶺上。

明朝正德六年（西元 1511 年）修築內長城的時候經過平型嶺，並在關嶺上修建了關樓。平型關城虎踞於平型嶺南麓，現在稱為繁峙縣橫澗鄉平型

關村，呈正方形，周圍九百餘丈，南北東各置一門，門額鐫刻「平型嶺」三個大字。

血戰台兒莊〈1938〉 ──
發生在小鎮上的激烈拉鋸戰

◇作戰實力◇

中日台兒莊之戰軍事力量對比

	指揮者	參戰人數（人）	師團
中國	第五戰區司令長官李宗仁	約 12 萬人	第 10、第 5 師團
日本	姬路師團和阪垣師團	3 萬多	孫連仲的第 2 集團軍，湯恩伯第 20 軍團近 10 個師

◇戰場對決◇

飛揚跋扈的日本

日本透過「明治維新」，軍國主義思潮在民間和政界已經開始不斷蔓延，而且逐步走上向周邊國家擴張的不歸之路。

當時日本對中國覬覦已久，於是在侵占了中國東北三省之後便迫不及待地揮戈南下。1937 年 7 月 7 日，就在河北宛平盧溝橋畔的上空，奏響了日軍全面侵略中國的罪惡槍聲。民族災難，驚動了每一個中國人的心，全國掀起了抗日救亡的熱潮。中國軍隊籌備了一系列的正面戰場抗戰，如南口、淞滬等會戰，可是收效甚微。

而這一切，又進一步刺激了日軍的囂張氣焰，日軍大放厥詞：「三月亡

華。」然而，就在這危機的關頭，八路軍115師一部在平型關殲滅日軍精銳的阪垣師團一千多人，這在抗日戰爭史上第一次打破了「日軍不可戰勝」之神話，大大鼓舞了中國軍民抗戰的決心。

這裡的黎明火光沖天

到了1937年底，日軍在侵占了南京、濟南之後，決定以南京、濟南為基地，從南北兩端沿津浦鐵路夾擊徐州，以此打通津浦線，占據中原，窺伺武漢。日軍攻勢凶猛，大有「閃電」滅亡中國之勢。

1938年3月初，日軍派遣第5師團和第10師團兵分兩路進犯徐州的門戶台兒莊。張自忠率領59軍進行了急行軍，就在一天一夜之內提前趕到臨沂，對日軍第5師團進行了猛烈攻擊，而龐炳勳部更是英勇反擊。日軍大為震驚，因此在3月14日至18日的臨沂決戰中，日軍第5師團遭到了極其慘重的損失，師團長板垣僅以身免，日本第11聯隊長長野裕一郎大佐、弁田中佐和一名大隊長被擊斃，殘敵向沂河東岸潰退。

當時日軍部隊已經無法繼續支撐作戰，從14日到18日，板垣第5師的主力阪本支隊傷亡3,000左右。而中國軍隊也付出了慘重的代價，僅17日一天，第122師的師長王銘章等壯烈殉國，官兵2,000多人犧牲。

但是不管怎麼說，臨沂初戰告捷，也粉碎了板垣、姬路兩個師會師台兒莊的計畫，促成了以後台兒莊會戰中，李宗仁圍殲孤軍深入台兒莊的姬路師團的契機。

3月18日，在日軍裝甲兵的猛烈攻擊之下，滕縣淪陷。20日，日軍因繼續南下受阻，主力被迫東移，攻占了棗莊、嶧縣。而日軍的姬路第10師在占領了滕縣、嶧縣之後，以瀨谷支隊為主力，開始向台兒莊推進。

決戰台兒莊：日軍真的是戰無不勝嗎？

1937 年 10 月，李宗仁被任命為第五戰區司令長官，駐守徐州，指揮山東、江蘇和安徽、淮河以北諸軍。李宗仁受命後，立即選派徐祖貽任戰區參謀長，建立戰區司令長官部。11 月初，李宗仁奔赴徐州前線。

李宗仁對姬路軍事行動的後果有著充分的估計：如果丟掉台兒莊，不但前功盡棄，而且士氣、民心都會受到巨大的挫傷，國內恐日心理大漲，還會給日後的戰略轉移帶來難以想像的損失。

後來，為了確保台兒莊戰役能獲勝，李宗仁制定了相應的作戰計畫。當時他考慮到孫連仲的第 2 集團軍最善防守，於是立即令孫派的 3 個師沿運河布防，扼守台兒莊正面陣地。

李宗仁判斷姬路上一次戰役占了上風，肯定會驕狂不可一世，一定不會等待蚌埠方面的援軍就進行北進，便會直撲台兒莊，以期一舉而下徐州，奪取打通津浦路的首功。所以，李宗仁便決定設一個圈套，請其入甕。

於是，他命令湯恩伯第 20 軍團的 2 個師讓開津浦路正面，誘敵深入，待姬路直撲台兒莊後，再回頭偷襲敵人的後方，與孫連仲一起將敵人圍殲。

後來，事態的發展也正如李宗仁所預料的那樣，敵人從滕縣南下，根本不顧湯恩伯的軍隊，直撲台兒莊。敵軍的總數約有 3 萬人，七八十輛坦克，百餘門山野炮和重炮，重輕機關槍更是不計其數。3 月 23 日，姬路軍衝到台兒莊北泥溝車站，徐州城內已經可以聽見槍戰聲，至此，台兒莊會戰正式打響了。

24 日，姬路師團在飛機、坦克和大炮的掩護下向台兒莊發起了近乎瘋狂的進攻。為了守住徐州，中國軍隊在台兒莊奮起反擊，雙方展開了激烈的巷戰、拉鋸戰，陣地犬牙交錯，屍體塞巷斷路，整個台兒莊充滿了槍炮聲和

喊殺聲。

24 日，日軍與中國守軍第 2 集團軍第 31 師展開了激戰。在狹小的作戰區域，中國軍隊和日軍開展了激烈的拉鋸戰，戰爭場面可以說是慘烈悲壯至極。日軍進攻不久，一部就迅速突入台兒莊東北角，但是被頑強的守軍擊退。27 日，瀨谷支隊主力一部突入北門，第 31 師與日軍展開拉鋸戰，由於日軍的進攻迅猛和殘酷，守軍傷亡極其嚴重。

沒過多久，日軍開始不斷增加兵力，從嶧縣調來了增援部隊 4,000 多人。28 日，日軍攻入台兒莊西北角，意為謀攻西門，從而達成其切中要害的陰謀：掐斷中國守軍第 31 師師部與城內的聯絡。31 師師長池峰城指揮手下以猛烈炮火壓制敵人，並召集數十名敢死隊員與敵人進行肉搏。

31 日，中國守軍將進入台兒莊地區的瀨谷支隊完全包圍。而這個時候，阪本旅團由臨沂轉向支援台兒莊，到達向城、愛曲地區，側擊第 20 軍團。該軍團即命第 52 軍和剛到的第 75 軍圍攻阪本支隊。激戰了數日，八路軍給予日軍重創，使其救援瀨谷支隊的計畫落空。

最後的命令

戰爭過了三天，在 4 月 3 日，李宗仁下達總攻擊令。此時台兒莊孫連仲部守軍已經傷亡殆盡，台兒莊四分之三的地盤已經被日軍所占據。孫連仲在 4 月 5 日直接與李宗仁通電話，要求把部隊暫時撤到運河南岸。

李宗仁深刻知道孫連仲部守軍的處境是何等艱難，而且又是何等悲壯，但是李宗仁更清楚台兒莊守軍與日軍在激戰的重要性，他估算著湯恩伯軍團第二天中午可趕至台兒莊北部，因此鼓勵孫連仲說：「敵我在台兒莊已血戰一週，勝負之數決定於最後 5 分鐘。援軍明日中午可到，我本人也將於明晨來台兒莊督戰，你務必守至明天拂曉。」孫連仲深知台兒莊對整個戰役至關重

要的價值，以及李宗仁對此次戰役勝利的信心，堅決地表示：「我絕對順從命令，直到整個集團軍打完為止。」

就這樣，為了夜襲日軍，李宗仁下命懸賞 10 萬元，成立一支敢死隊。4 月 5 日午夜，敢死隊分組向敵出襲，衝擊敵陣，他們個個精神振奮。經過數日血戰，被敵所占的台兒莊各街，竟在短短不到一個小時時間內，一舉奪回了四分之三。

同時，第 52 軍、第 85 軍、第 75 軍在台兒莊附近向敵展開了猛烈攻勢。湯恩伯的第 20 集團軍由東向西，第 2 集團軍和第 3 集團軍由北向南，大舉反擊，對日軍形成了合圍之勢。

6 日，兩軍勝利會師，形成對日軍的內外夾攻之勢。張金昭的第 30 師收復了南洛，切斷了敵人的後路，黃松樵第 27 師向台兒莊以東出擊，敵倉皇向西北退卻。第 31 師向城內敵人反擊，瀨谷支隊力戰不支，向嶧縣潰逃。

4 月 7 日，中國軍隊內外進行夾擊，對逃跑的日軍迅速追擊，日軍在夾擊之下潰不成軍，抱頭鼠竄。就這樣，中國軍隊經過 20 餘天的浴血奮戰，終於取得了台兒莊戰役的勝利。日軍「三月亡華」和「日軍不可戰勝」的神話也隨之破滅。

◇知識拓展◇

台兒莊戰役的中方指揮官李宗仁

李宗仁（西元 1891 ～ 1969 年）廣西臨桂人，漢族，字德鄰。黃埔軍校南寧分校總負責人，國民黨高級將領，軍事家，中華民國副總統、代總統。

李宗仁早年就讀於臨桂縣立兩等小學，後入桂林省立紡織習藝廠當學徒。1908 年考入廣西陸軍小學第三期。1910 年 10 月加入同盟會。1912 年

考入廣西陸軍速成學堂。1913 年秋畢業後，到南寧將校講習所任準尉見習官、少尉、中尉隊附。

1916 年 5 月任滇軍第四師第三十四團排長。後轉入桂系陸榮廷部，任護國軍第二軍第五旅排、連、營長，參加護國戰爭、護法戰爭和粵桂戰爭。1921 年，任少營長的李宗仁爭取十多個連隊和他一起退到六萬大山的玉林地區，整軍經武，伺機而動。

納粹突襲波蘭〈1939〉 ──
華沙的閃電覆滅

◇作戰實力◇

德波戰爭軍事力量對比

	步兵	飛機	坦克	總兵力
德國	44 個師（其中 7 個裝甲師、4 個輕裝甲師、4 個摩托化師）	1,939 架	2,800 輛	88.6 萬
波蘭	7 個集團軍、4 個戰役集群（30 個步兵師、11 個騎兵旅、2 個摩托化旅）	400 餘架	870 輛	100 萬人

◇戰場對決◇

狡猾的希特勒

在第二次世界大戰前夕，希特勒為了實施他的「為德意志民族爭取生存空間」戰略計畫，決定先對波蘭下手，把占領波蘭作為實施戰略計畫的突破口。

　　為了能夠保證波蘭被迅速吞沒，希特勒大放和平煙幕，在政治、軍事、外交等方面玩弄起了一系列的欺騙招數。

　　當時的但澤市及波蘭走廊一直是波、德雙方存在爭議的地方。戰鬥在即，可是希特勒卻出人意料地表現出了極大的寬容和大度，他宣稱：「德國方面可以保證不會因為但澤地區問題而和其他國發生衝突。但澤問題的解決，可以延長到明年或以後更長的時間。」與此同時，希特勒還向英國政府表示，但澤問題屬於地方性的問題，德國政府非常願意接受英國政府的調停，並且立即邀請了波蘭方面的全權代表來柏林進行談判。

　　另外，希特勒又裝模作樣地派了一艘由戰艦偽裝成的訓練艦訪問但澤，而且還派了一個「軍事友好代表團」訪問波軍的參謀部，並「誠懇」地向波蘭當局解釋：「所謂德軍準備進攻波蘭的說法純屬謠傳。」希特勒還命令但澤的納粹頭目向波蘭駐但澤高級官員表示：「德國真誠地希望和平解決但澤地區問題，波方所採取的軍事防禦措施可以盡快結束。」

　　直到臨戰前的幾個小時，德國外交部長還接見了波蘭駐柏林大使，雙方在「誠摯而友好的氣氛中」舉行了雙邊會談，而且在會談之後，柏林電臺就立即廣播了德國的和談提案。

　　希特勒在大肆施放和平煙幕的同時，德軍的戰爭準備也在暗中緊鑼密鼓地進行著。德軍已經開始向波蘭邊境地區集結了大量的軍隊和作戰物資，甚至一部分德軍已經裝扮成了但澤軍隊的模樣，從東普魯士往但澤前進。而且當時德國法西斯組織的「黑衛團」也藉口進行體育比賽進入了但澤。這一切行動都在德國的祕密警察監視之下進行，以免入侵波蘭的戰前準備計畫走漏風聲。

　　狡猾的希特勒覺得這些還不夠，他還積極竊取波蘭軍隊的情報，並且在

波蘭境內利用德意志人當中的法西斯分子，建立起一些納粹組織，以便在襲擊波蘭的時候作為內應。

當時希特勒為了加強對「第五縱隊」活動的指導，他還特別指示德國特務機關派遣大批的間諜，打扮成商人、知識分子、記者、工程技術人員、牧師等等，潛入到波蘭境內，也正是由於這些間諜，把波蘭軍隊各方面的情況弄得一清二楚。

波蘭的態度讓蘇聯站在了德國一邊

而在德國對波蘭發動閃電戰之前，對於當時的史達林來說，英、法和德國可以說都在他的股掌之中，為此他暫時也不存在需要明確倒向哪一方的問題，史達林當時只想利用這一歷史的機遇做出最有利於蘇聯的決策。

而且史達林也不想在自己還沒有做好充分準備的情況下就捲入雙方的爭鬥，再加上蘇聯提出要保衛波蘭，抗擊納粹入侵，就必須允許蘇聯的軍隊進入波蘭境內，這肯定會遭到波蘭政府的拒絕，因為波蘭人對蘇聯人的戒心並不比對德國人的小，也正是由於波蘭的這種態度，讓史達林決定與德國結盟，同時更加堅定了入侵波蘭的決心。

1939 年 8 月 23 日，納粹德國外交部長里賓特洛甫趕到了克里姆林宮會見史達林。當天晚上，雙方就簽署了《德蘇互不侵犯條約》，而且也達成了共同瓜分波蘭的祕密議定書。

英法為了自保，採取「綏靖政策」

對於德國突襲波蘭，當時的英、法兩國都採用「綏靖政策」，他們的目的也是為了維護自身的既得利益，所以對法西斯國家的攻勢採取漠視、不抵抗政策，甚至是用犧牲小國來滿足法西斯的侵略野心。

1939 年 3 月 15 日，在希特勒兵不血刃地迅速兼併了捷克斯洛伐克，下一個侵略目標已經直指波蘭的時候，英、法兩國只是在 1939 年 3 月 23 日正式結成了軍事同盟，對波蘭的安全給予了保證，可是實際上並沒有實質性的行動。

所以，希特勒在計劃突襲波蘭之後，就對他的將領們說：「我在慕尼黑會議上領教過英、法的頭面人物，他們根本不是能打世界戰爭的人。再說，他們憑什麼跟我們打仗？他們才不肯為一個小小的波蘭送死！」

另一個原因是波蘭位於德國和蘇聯之間，所以英、法兩國一直希望禍水東引，讓蘇聯捲入這場戰爭，從而達到消耗蘇聯的目的，以及英法兩國扼殺共產主義的夢想。

後來在 1939 年夏天，英、法準備派出軍事代表團赴莫斯科與蘇聯方面進行協商，達成了共同抵抗德國的聯盟，而實際上英、法兩國主要是希望蘇聯成為抗擊德國的主力。可以說，當時的英、法已經將最大的賭注全部押在了史達林的身上，可惜最後史達林在權衡利弊之後，讓英、法兩國的如意算盤落了空。

糊裡糊塗的波蘭當局

對於波蘭當局來說，他們果真被希特勒所製造的一系列假象所迷惑。波蘭方面錯誤地認為，由於英、法兩國的制約，德軍的主力是絕對不可能東調來進攻波蘭的；德國也的確想和波蘭保持和發展友好的近鄰關係，希特勒的一系列親善活動不就是最好的證明嗎？

也正是由於這種錯誤的判斷，波蘭政府放鬆了警惕，放棄了之前進行過多次的防禦行動，開始積極準備和德國法西斯坐下來和談。直到波蘭有一天突然發現德軍的坦克、大炮已經開到了自己身邊的時候，才突然緊張起來，

慌忙進行局部動員、部署抵敵的措施。可是，這個時候已經來不及了，波蘭當局的醒悟實在是太晚了。

1939 年 9 月 1 日凌晨，德國法西斯撕毀了《德波互不侵犯條約》，出動了千架飛機及上萬門大炮，以迅雷不及掩耳之勢突襲波蘭，波蘭全國上下頓時就陷入到一片混亂當中。由於德國法西斯做好了準備的充分，再加上波蘭當局疏於防備，僅僅用了一個星期的時間，德軍的閃電行動便產生了明顯的效果，波蘭全境失陷，國家也隨即滅亡。

◇知識拓展◇

但澤問題

波蘭走廊是德國在 1919 年根據《凡爾賽條約》割讓給波蘭的一塊狹長領土，現在屬於波蘭的領土，也叫「波蘭走廊」。

在第一次世界大戰爆發後，波蘭復國。根據《凡爾賽條約》，把原屬德國領土的東普魯士和西普魯士之間、沿維斯瓦河下流西岸劃出一條寬約 80 公里的地帶，稱為「波蘭走廊」，作為波蘭出入波羅的海的通路，而且還把河口附近的格但斯克港，劃為「但澤自由市」，歸國際共管，這樣就使德國的國土分成兩個不連接的部分。直到 1939 年，希特勒藉口收回走廊，突襲波蘭，導致了第二次世界大戰爆發。

馬其諾防線戰役〈1940〉——
不可思議的失敗

◇作戰實力◇

馬其諾防線戰役中義大利與法國軍事力量對比

	參與人員	戰鬥人員
義大利	30 萬人	-
法國	8.5 萬人	4.2 萬人

◇戰場對決◇

比利時脫離法國

當馬其諾防線建成之後，法國戰略部署受到的最大影響就是比利時脫離了法國的同盟，選擇中立。

1935 年，德國突然撕毀凡爾賽條約，開始重新建立國防軍；1936 年，德軍又進軍到了萊茵非軍事區。英、法等國家對這些事件並沒有作出有效的反應，反倒像比利時一樣，選擇中立政策，從而避免在日後的戰爭中遭遇德國的入侵。英法兩國的這一中立政策也意味著當初法國意圖以法軍協助比利時防守其要塞的計畫破滅了，法軍再也無法在未來的戰爭部署當中利用比利時了，而原本的法比聯合修建起來的完整防線，現在也只剩下馬其諾防線的半條。正是這半條馬其諾防線，決定著法國未來的命運。

馬其諾防線戰役爆發

1939 年 9 月 1 日，戰爭正式爆發，法國從 9 月 3 日開始進行全民總動員，正如當初馬其諾防線設計時的計畫一樣，馬其諾防線讓法國能夠在安全的保

護下穩定進行戰前動員。但西線的動作到此為止，已經集結完畢的法軍並沒有真正出擊的意願，在 8 個月的時間當中，法國眼巴巴看著波蘭以及北歐國家一個個陷落。

而另一方面，馬其諾防線也跟當初所設計方案設想的一樣，迫使德國只能選擇從低地國家開始發動進攻，德國為了做好充分的準備，在同樣長的時間內也選擇在西線實行按兵不動的政策。在這期間西線唯一的戰爭跡象就是法國馬其諾防線和對面的德國齊格菲防線的炮兵進行對射，還有就是法軍為了對波蘭進行一些表示，對德國索爾布呂肯進行了短暫的進攻，最後向德國境內前進 10 公里的法軍很快就撤退了。

1940 年 5 月 10 日，德軍在西線的長期觀望終於結束，開始對低地國家發動大規模的入侵行動。比利時立即向英法兩國求援，當時法軍和英國遠征軍也非常迅速地前去援救比利時，可是這個時候已經晚了，比利時阿爾伯特運河沿岸的堡壘群很快就被德軍迅速擊破，而在當時被人們認為堅不可摧的比利時埃本 - 埃美爾要塞，也被乘滑翔機而來的德軍從要塞頂端奇蹟般輕鬆拿下了。

沒想到法國寄託了很大希望的比利時境內的防線在戰鬥中根本沒有發揮多大作用。強大的德國裝甲部隊這時開始從比利時境內向南進軍，最後居然繞過了馬其諾防線，從被認為根本「無法穿越」而防守薄弱的亞爾丁森林洶湧直入，西向把前進比利時的法軍精銳以及英國遠征軍一下就擠入了敦克爾克，南向往法國腹地進發。

要塞部隊的兵力曾經達到法國總兵力的 15%，由於防線失去了作用，而且法軍軍力正處在不斷吃緊的狀態，從 6 月 15 日開始，法軍最高統帥部開始從防線上撤退部隊，首先撤退的是防禦要塞地帶的部隊，之後是要塞上

的部隊。

6 月 15 日，德軍對馬其諾防線發動了正面進攻，在索爾布呂肯方向突破了馬其諾防線，德軍突入到了馬其諾防線的後方。

其實在馬其諾防線設計的時候，也考慮到了被突破的情況，當時法國設計的戰術是，突破口兩側的防線提供出擊地點，從敵人後面打擊並切斷入侵之敵，從而將敵人包圍殲滅。可是這個時候法國已經沒有任何後備力量來進行這樣的打擊了，最後法軍發現被敵人包圍的不是德軍，而是堡壘區的法軍。法軍後來受到了來自馬其諾防線後方的炮擊，一些小的據點也已經被摧毀，並且還被占領，但是沒有任何一個馬其諾防線堡壘選擇投降。

馬其諾防線上的法軍大部分都戰鬥到了 6 月 25 日，直到當時的停戰協定生效，甚至有一些馬其諾防線的堡壘還進行了頑強的抵抗。但是最後馬其諾防線還是被移交給德軍，而馬其諾防線上被俘虜的法軍則前往了德國的戰俘營，他們可能一輩子都要生活在那裡，直到死去。

著急得不到好處的墨索里尼

在當時，墨索里尼看見法國領土的三分之一已經被德國占領，這個時候他坐不住了，於 6 月 10 日參加了戰爭，阿爾卑斯山的墨索里尼為此也同樣遭受到了戰火的考驗。當時墨索里尼設法沿著法國、義大利邊境集結了 3 個集團軍共 30 萬人。

經過動員後的義大利軍隊補充了大量的人員，但是在面臨入侵的時候，這一段防線的兵力還是和德法邊境的防線一樣，已經被大幅度抽調走了，許多有經驗的山地部隊之前也已經被抽調去了挪威戰場，或者是被調到了法國北部的戰線。而這個時候馬其諾防線只剩下了最小限度的兵力，據統計，在 6 月 10 日，當時防線上只有 8.5 萬人，其中真正的戰鬥人員僅僅為 4.2 萬

人。即使這樣，義大利士兵卻發現，他們仍然難以在馬其諾防線面前前進一步。到了 6 月 21 日，墨索里尼下令發動全線進攻，但是依然處處受到法軍的頑強抵抗。6 月 22 日，義大利軍隊轉向尼斯附近的防線，試圖從海岸方向進行突破，可是阿爾卑斯山的馬其諾防線在這一部分也是築壘最密集的，墨索里尼同樣沒有獲得任何進展。而在這時，馬其諾防線受到了背後德軍的進攻，6 月 21 日，有 4 個德軍師沿著隆河河谷前進，但是被擋在了香貝里的大門外。到 6 月 25 日停火生效時，法軍仍在堅守著阿爾卑斯馬其諾防線陣地，敵人之後也沒有再前進一步。

阿爾卑斯山區的馬其諾防線這場戰鬥證明，馬其諾防線真的是一個非常優秀的戰略設施，不僅可以發揮強大火力和保護作用，而且只需要為之動員最低限度的部隊。可是，當時這一偉大的戰鬥堡壘卻沒有得到法軍最高統帥部的良好運用。最高統帥部在馬其諾防線背後集中了大約 30 個師，但是在某些地區，比如亞爾丁地區，卻幾乎無人防守。

在 1940 年 6 月，要塞部隊證明了他們自身的價值，但令人感到遺憾的是，當時的形勢已經讓他們沒有存在的必要了。

◇知識拓展◇

馬其諾防線

馬其諾防線工事南起地中海沿岸的法義邊境、北至北海之濱的法比邊境，全長大約為 700 公里，由一組組相互獨立的築壘式防禦工事群構成。

每一組工事包括一個主體工事和一些觀察哨所，相互之間可以電話聯絡。主體工事一般距離地面 30 公尺，其中有指揮部、炮塔、發電設備、修理設備、醫院、餐廳、宿舍等各類設施，工事外面則密布金屬柱、鐵絲網，

號稱固若金湯。而且工事內糧食和燃料的儲存一般可堅持三個月。

　　馬其諾防線共部署 344 門火炮，建有 152 個炮塔和 1,533 個碉堡，所建地下坑道全長達 100 公里，道路和鐵路總長 450 公里。該防線土方工程量達 1,200 萬立方公尺，耗混凝土約 150 萬立方公尺，耗鋼鐵量達 15 萬噸，工程總造價近 50 億法郎（1940 年數），相當於當時全法國一年的財政預算。由於該防禦系統十分堅固，二戰期間死於馬其諾防線工事內的士兵為數極少。

中日百團大戰〈1940〉——
千里沃野上的搏殺

◇作戰實力◇

中日百團大戰軍事力量對比

	指揮者	參戰人數	軍團	其他裝備
中國	八路軍領導人朱德、彭德懷、劉伯承、鄧小平、賀龍等	20 多萬人	晉察冀邊區 39 個團、第 120 師（決死第 2、第 4 縱隊），66 個團，共 105 個團	-
日本	日本華北方面軍和偽軍	15 萬人	3 個師的全部，2 個師得各 2 個團，5 個獨立混成旅全部、4 個獨立混成旅的 2 個營、1 個騎兵旅的 2 個營	飛機 150 架

◇戰場對決◇

內憂外患的中國

1940 年 8 月，中國進行抗戰已經第四個年頭了。當時的英、美、法無力顧及中國，只能一味採取妥協的政策，這也助長了日本的侵略氣焰。

在德、義法西斯橫行歐洲之際，日本當時準備透過打通平漢路進行南下，實施所謂的「南進」政策。而日本對國民黨則實行「雙規」政策，一方面在政治上採取誘降的政策，另一方面在軍事上繼續向國民黨施加壓力，揚言要兵分三路向蔣中正的後方進行進攻。

除此之外，汪精衛等國民黨投降派也對蔣中正政府進行勸降，為此國民黨內外也亂成一鍋粥，投降活動日益加劇，國民黨統治區的大片國土已經被烏雲籠罩著。

而相對的敵後根據地卻變得越戰越強，對敵人的威脅也越來越大。日本為了束縛抗日軍民的手腳，於是制定「囚籠政策」，讓共產黨的敵後抗戰面臨著非常嚴重的困難。

百團大戰的來歷

1939 年 12 月的一天，八路軍總司令朱德、副總司令彭德懷收到來自冀中軍區司令員呂正操等人發來的一份絕密電報。電報說：「敵最近修路的目的同過去不同……一是以深溝高壘連接碉堡，把根據地收復的井陘煤礦劃成不能相互聯繫，不能進行支援的孤立的小塊，便於敵軍逐次分區搜剿。第二種修法是汽車路的聯絡向外連築，敵人的汽車在路上不斷運動，阻擋我軍出入其圈內。」

電報建議：我八路軍「絕不能讓敵修成」，否則「將造成堅持游擊戰爭的極端困難局面」。由日本華北方面軍司令官多田駿親自策劃的這一惡毒陰謀，

自然引起八路軍總部朱德、彭德懷的警惕。

之後，經過多方面的縝密研究和精心的策劃，一個出奇制勝的作戰計畫就這樣產生了。

1940 年 8 月 20 日，這是中國抗日戰爭歷史風雲中一個特殊的日子。這一天晚上，在晉察冀邊區前線指揮所駐地一個叫洪河漕的小山村，120 師前線指揮所駐地興縣蔡家崖小院裡正處在大戰前的緊張氣氛中。晚上 10 點整，各兵團按照統一的規定發起進攻。

為此，從 21 日晚到 22 日，八路軍總部的工作人員非常忙碌，劉伯承、聶榮臻接連數次報告正太路各個出擊兵團的破襲戰況，賀龍、陳再道、呂正操和冀察熱挺進軍司令員蕭克以及其他配合正太路破襲戰役的部隊領導人也都紛紛來電，報告他們的破襲戰果。

總體來說，戰況發展非常順利，正太、同蒲、白晉、平漢、平綏、津浦、北寧各鐵路及各公路幹線，這些所謂的敵人大動脈很快就變得「千瘡百孔」。

22 日午飯後，彭德懷、左權在作戰室聽作戰科長王政柱匯報戰況。當問到八路軍實際參戰兵力時，王政柱嗓音響亮地回答道：「正太線 30 個團，平漢線盧溝橋到邯鄲段是 15 個團，同蒲線大同至洪洞段 12 個團，津浦線天津至德州 4 個團……參戰兵力共計 105 個團。」

王政柱話音未落，左權參謀長搶先說：「好！這是百團大戰，作戰科要仔細把數字查對一下。」彭德懷堅定地說：「不管一百零幾個團，這次戰役，就叫做百團大戰好了。」

千里戰線，百團出擊

8 月 25 日後，日軍準備從白晉鐵路、同蒲鐵路南段抽調第 36、第 37、

第 41 師各一部，配合獨立混成第 4、第 9 旅向第 129 師進行反擊；從冀中、冀南抽調約 5000 人的兵力，配合獨立混成第 8 旅向晉察冀邊區部隊反擊。

9 月 2 日，日軍合擊正太鐵路南側的安豐、馬坊地區的第 129 師。該師以 4 個團的兵力英勇進行抗擊，打死打傷日軍 200 多人。9 月 6 日，第 129 師第 386 旅和決死隊第 1 縱隊各兩個團，於榆社西北雙峰地區包圍了日軍 1 個營，擊斃 400 多人，打破了日軍的合擊。

後來為擴大戰果，9 月 16 日，八路軍總部發出第二階段作戰命令，要求各部隊繼續破壞日軍的交通線，摧毀深入抗日根據地內的日偽軍據點。

晉察冀邊區以 8 個團、3 個游擊支隊、2 個獨立營組成了左、右翼隊和預備隊，於 9 月 22 日發起淶靈戰役（河北淶源至山西靈丘），對該地區的日軍獨立混成第 2 旅和第 26 師及偽軍各一部發動進攻。

右翼隊重點攻擊淶源縣城，但是由於缺乏攻堅的器材，日軍又進行著頑強的抵抗，雙方奮戰了一夜，卻沒有得手。23 日，轉為攻擊淶源周邊日軍據點。至 26 日，相繼攻占三甲村、東團堡等 10 餘處據點。28 日，由張家口增援的日軍 3,000 餘人抵達淶源城，右翼隊遂轉移兵力於靈丘、渾源方向，協同左翼隊先後攻占了南坡頭、搶風嶺、青磁窯等日軍據點。10 月 9 日，又有大同的日軍 100 多人來進行援助。而當時的晉察冀邊區立即決定結束淶靈戰役，這次戰役共殲滅日偽軍 1,000 多人。

透過一個半月接連不斷地破襲戰，使華北的日軍極為震驚，一度陷入混亂的狀態。日軍為了挽救局勢，決定急調華北境內所有能夠調遣的兵力，對八路軍進行瘋狂的報復，第三階段，也就是掃蕩與反掃蕩的鬥爭開始了。

日軍的掃蕩首先由晉東南開始，然後轉向平西、北嶽區和冀中區。為了在反掃蕩中力爭主動，晉察冀的軍區部隊進行了一系列的部署：留一部分

兵力跟敵人保持接觸；但在主力不利於作戰的情況下適時進行轉移，尋找反擊的機會，在敵人的各公路據點之間展開破擊；各地的游擊隊、民兵也在主力部隊的支援下活躍於外線和內線，從而透過這樣的方式打亂日軍的掃蕩計畫。

11月9日，日軍開始對北嶽區進行掃蕩，集結的兵力多達12,000多人，先由北向南，然後由東向西，分路平行推進。日軍所到之處，實行了慘無人道的「三光政策」。

據掃蕩後的統計，僅就易縣六個區，被燒房屋達2,200多間。八路軍主力部隊和游擊部隊一直在各地尋找戰機，連續不斷地打擊日軍。

最後，在八路軍軍民的英勇打擊下，進攻邊區內地的日軍到11月底終於開始撤離，至此，威震海內外的百團大戰也悄悄落下了帷幕。

◇知識拓展◇

日軍慘無人道的「三光政策」

「三光」即燒光、殺光、搶光。日本在侵華時期，日本侵略者對八路軍敵後抗戰活躍的華北地區始終找不到對付的有效方法，而日軍在八路軍的廣泛打擊下不斷遭受龐大的損失，這一切都極大動搖了日軍的殖民統治，並牽制著其兵力的調度使用。為了撲滅中國的抗日武裝力量，日軍對抗日根據地進行了瘋狂的掃蕩。1940年以後，這種掃蕩變得更加頻繁和酷烈。

在掃蕩中，日軍實施了所謂的「燼滅作戰」。「燼滅」，就是燒盡滅絕、燒光殺絕的意思，這也就是通常所說的燒光、殺光、搶光的「三光」政策。

而日軍推行「三光」政策的目的，就是為了徹底消滅抗日根據地的軍民，摧毀抗日根據地的「邪惡目的」。

列寧格勒圍城戰〈1941〉——
妄圖把列寧格勒「從地球上抹掉」的戰役

◇作戰實力◇

列寧格勒圍城戰德國的軍事力量

參戰的人員	炮火	飛機
32 個步兵師、4 個坦克師、4 個摩托化師和 1 個騎兵旅	6,000 門大炮、4,500 門迫擊炮	1,000 多架

◇戰場對決◇

氣急敗壞的希特勒妄圖消滅列寧格勒

在 1941 年 8 月下旬，氣急敗壞的希特勒在北翼調集了 32 個步兵師、4 個坦克師、4 個摩托化師和 1 個騎兵旅的兵力，而且還配備了 6,000 門大炮、4,500 門迫擊炮和 1,000 多架飛機，向列寧格勒發動了非常猛烈的攻勢，並揚言要在 9 月 1 日前占領列寧格勒。

而在巴巴羅薩的計畫當中，攻占涅瓦河上這座城市被看作是「刻不容緩的任務」，因為希特勒的目的就是要從地球上抹掉列寧格勒，並且殺光居民，消滅無產階級革命的搖籃。

列寧格勒是十月革命的搖籃，也是蘇聯第二大城市和重要的海港、工業重鎮及文化中心，城市人口大約有 300 萬人口。在當時，列寧格勒面對德國軍隊的進攻，蘇聯西北方面軍總司令伏羅希洛夫元帥向當地軍民發出了強烈的號召：「在列寧格勒大門口，用我們的胸膛阻擋敵人前進的道路。」

到了 8 月底，德軍變更作戰計畫之後開始沿著莫斯科 - 列寧格勒的公路

再一次發起進攻。蘇軍進行了頑強的抵抗，德軍為此也付出了非常重大的損失，之後在 8 月 25 日才奪取了柳班，8 月 29 日占領了托斯諾，8 月 30 日抵達涅瓦河，這樣也就切斷了列寧格勒與外界溝通的鐵路聯絡。9 月 1 日，蘇軍被迫撤退到了普里奧焦爾斯克以東 30 ～ 40 公里一線。

在 9 月 8 日，德軍在經受重大損失後衝過了姆加車站，進入到拉多加湖南岸，奪得什利謝利堡，這樣一來德軍又從陸上包圍了列寧格勒。至此，列寧格勒也就陷入到了德軍的三面包圍當中，只能依靠從拉多加湖和空中得到補給，長達 900 天的列寧格勒圍城戰正式拉開了序幕。

列寧格勒圍城戰拉開了序幕

當德軍包圍了列寧格勒之後，對列寧格勒實施了駭人聽聞的野蠻轟炸和炮擊，投擲了多達 10 多萬枚的航空燃燒彈和航空爆破炸彈，妄圖用這樣恐怖的轟炸方式和飢餓困死列寧格勒城市裡面的軍民。

9 月 9 日，德軍再一次向列寧格勒發動了新的進攻。當時的蘇軍由伏羅希洛夫元帥指揮，後來伏羅希洛夫元帥由於指揮不利而被撤職。9 月 10 日，朱可夫大將開始接替指揮列寧格勒方面軍。朱可夫上任之後所做出的第一個決定就是：即使戰到最後一個人，也要誓死守住列寧格勒。當時朱可夫的口號是：「不是列寧格勒懼怕死亡，而是死亡懼怕列寧格勒！」

與此同時，朱可夫還迅速調整和加強了列寧格勒周邊地區的防禦力量，各個預備部隊都得到了民兵支隊的支援，而且大批的海軍軍人也離艦上陸充當守衛軍，甚至還把一部分高射炮調到高地上用於攻打坦克。

到了 9 月底，列寧格勒西南和南面的戰線終於趨於穩定。德軍打算一舉奪取列寧格勒的計畫最終破產了，而抽調北路基本兵力準備攻打莫斯科的企圖也隨之成為泡沫。

自從南面奪取列寧格勒的計畫失敗之後，德軍於 10 月又開始向季赫溫實施突擊，準備與芬蘭軍隊會合，從而把列寧格勒完全封死。可是，當時的德軍卻沒有突擊到斯維里河。在 11 月中旬，蘇軍從防禦轉為反攻，11 月 20日，蘇軍就攻占了小維舍拉，12 月 9 日奪回了季赫溫。至此，蘇軍把德軍重新趕回了沃爾霍夫河。

列寧格勒軍民的頑強抵抗

其實，從戰鬥性質來看，列寧格勒圍城戰屬於全民動員的性質，在列寧格勒圍城戰過程中，列寧格勒的工業為前線提供了武器、裝備、服裝和彈藥，而列寧格勒的居民則在被封鎖之後的第一個冬春就有 10 萬多人參軍。

當時蘇軍為了讓居民免於挨餓，拉多加湖區艦隊承擔了湖上給養、彈藥和武器的輸送任務。在 11 月中旬，湖上的航行因為河水結冰而被迫中止。11 月 19 日，蘇軍又在拉多加湖的冰上開闢了一條軍用汽車路，蘇軍的這一切措施都為當時被圍城的列寧格勒軍民提供了戰鬥和生活所需要的必需品，也順利疏散和轉移了沒有勞動能力的居民以及工業設備等。

儘管列寧格勒的軍民得到了一些給養補充，但是這些供應還是遠遠無法滿足守城軍民的需求。列寧格勒城內被迫實行配給制，工人每人每天只能得到 8 兩麵包，兒童、病人和公務員只能得到 4 兩麵包。

可是即使是這樣，列寧格勒的軍民還是不畏困難，每天仍有 45,000 人參加修築防禦工事的工作，工人們在德軍的炮火下依舊堅持生產，可以說全城軍民步步為營，鑄成了一條攻不破、打不爛的鋼鐵長城。

蘇軍終於反擊了

1942 年 1 ～ 4 月，蘇軍在柳班方向發動突擊，8 ～ 10 月又在錫尼維亞

方向實施了頑強戰鬥，兩次戰鬥極大程度消耗了德軍的基本兵力。而蘇聯的游擊隊也在列寧格勒州、大諾夫哥羅德州和普斯科夫州的德國占領區展開了積極的游擊戰鬥，透過小型兵器讓德軍遭受了重大損失。

1943 年 1 月 12 日，蘇軍在遠程航空兵、炮兵和紅旗波羅的海艦隊航空兵的支援下，兵分兩路在拉多加湖以南什利謝利堡、錫尼維亞之間狹小的突出部實施了相向突擊，力圖打破德軍對列寧格勒的封鎖。到了 1 月 18 日，兩路蘇軍均成功突破了德軍的防線，在拉多加湖與戰線之間形成了 8 ～ 11 公里寬的走廊，並在 17 個晝夜之後鋪設了一條鐵路和一條公路。

到了 1943 年的夏秋之際，蘇軍又打破了德軍再度封鎖列寧格勒的企圖，並且肅清了沃爾霍夫河岸基里希登陸場的德軍，攻占錫尼維亞，從而改善了戰役態勢。

1944 年 2 月 12 日，蘇軍在游擊隊的配合下成功攻占了盧加。到了 2 月 15 日，已經完全突破了德軍的防禦。之後，蘇軍並沒有停止進攻，而且繼續追擊德軍。到了 3 月 1 日，蘇軍已抵達拉脫維亞邊界。

為此，德國的「北方」集團軍群幾乎遭到了重創，列寧格勒州幾乎全境解放，加里寧格勒州一部分獲得解放，蘇軍進入愛沙尼亞境內，為粉碎波羅的海沿岸地區和列寧格勒以北之敵創造了有利條件。

1944 年夏，蘇軍在紅旗波羅的海艦隊、拉多加湖區艦隊和奧涅加湖區艦隊的配合下，一舉擊潰了蘇德戰場北翼的德軍戰略集團，至此，列寧格勒的安全重新有了充分的保障。

◇知識拓展◇

拉多加湖

歐洲最大的淡水湖，舊稱涅瓦湖。在俄羅斯歐洲部分的西北部。湖面海拔 5 公尺，湖長 219 公里，平均寬 83 公里，面積 1.8 萬平方公里。湖水南淺北深，平均深度 51 公尺，北部最深處 230 公尺，湖水容積 908 立方公里，係構造湖。南岸建有環湖的新拉多加運河，為溝通白海 - 波羅的海及窩瓦河 - 波羅的海的重要航道。魚類豐富，以鮭、鱸、鯿、白魚、鱒、狗魚和胡瓜魚類為主。

湖區平均年降水量 610 公尺。6、7 月水位最高，12 月和 1 月水位最低，平均年較差約 0.8 公尺（2.6 尺）。最多可相差約 3 公尺。沿岸地區 12 月開始結冰，湖中間 1 月或 2 月開始結冰，冰層厚度平均為 50 ～ 60 公分，最厚可達 88.9 ～ 99 公分。大部分 3、4 月開始解凍，但北部晚至 5 月始解凍。

莫斯科會戰〈1941〉──
「巴巴羅薩」敗給風雪寒冬

◇作戰實力◇

「颱風」行動雙方作戰實力對比

	參戰人數	坦克	火炮和迫擊炮	飛機
德國	180 萬	1,700 輛	1.4 萬餘門	1,390 架
蘇聯	125 萬	990 輛	7,600 門	677 架

◇戰場對決◇

「颱風」行動初戰告捷

1941 年 9 月 6 日，希特勒發布了第 35 號訓令，代號「颱風」行動，計劃先將莫斯科正面的蘇軍分為兩個包圍圈進行包圍，並加以殲滅，然後順勢攻占莫斯科。

9 月 30 日清晨，南路的古德里安第 2 裝甲集團軍首先打響了「颱風」行動的序幕。當天就撕開了蘇布良斯克方面軍的左側翼防線，向前推進了 50 多英里。10 月 2 日，中路和北路主力的攻擊也同時從斯摩倫斯克的南北兩面發動，結果蘇西方方面軍和預備方面軍的防線當即就被衝垮。

到了 10 月 3 日，古德里安的第 2 裝甲集團軍就攻占了奧廖爾，其左翼第 47 裝甲軍突然從這裡調頭向北，直指葉廖緬科司令部駐地布良斯克。

當時直到 9 月下旬，蘇聯方面也沒有意識到德軍會將主要攻勢轉到莫斯科方向。希特勒這種飄忽不定的戰略方向，不僅德國陸軍將領無法理解，就連蘇軍的最高統帥部也感到難以把握。

最後，當蘇軍摸準了德軍的意圖之後，就立即停止了一切進攻，開始轉入全線防禦。10 月 10 日，史達林把衝出德軍重圍的西方方面軍和預備方面軍的殘部進行合併，組成了新的西方方面軍，並將負責指揮列寧格勒方面軍的朱可夫上將召回莫斯科，擔任西方方面軍司令員，全面負責莫斯科防禦戰的指揮工作。

可是到了 10 月 13 日，霍普納的第 4 裝甲兵團向莫斯科西南方的卡盧加展開突擊，結果蘇軍的防線被衝破了，朱可夫不得已放棄該城。到了 10 月 20 日，德軍完成了對維亞濟馬和布良斯克這兩個包圍圈內蘇軍的清剿，蘇軍 66.3 萬人被俘，損失坦克 1,242 輛，大炮和迫擊炮 5,412 門，至此，「颱風」

行動初戰告捷。

老天爺幫了蘇軍的忙

在 11 月 3 日至 4 日，當地降霜了，雖然驟冷的氣溫讓泥濘的道路不再泥濘，為德軍的機動提供了便利，可是也讓穿著單薄的德軍陷入了困境。由於沒有冬季服裝，德軍開始出現嚴重的凍傷。11 月 7 日，德軍雖然已經兵臨城下，但是史達林仍然在莫斯科紅場舉行了傳統的十月革命節慶祝大會和閱兵式，全副武裝的蘇軍部隊從檢閱臺前莊嚴地經過，之後就直接奔赴前線進行戰鬥了。

11 月 13 日，德陸軍總參謀長哈爾德在中央集團軍群總部召開了各軍團參謀長會議，下達了「1941 年秋季攻勢命令」。從 16 日開始，「秋季攻勢」正式開始，霍特的第 3 裝甲兵團慢慢向莫斯科西北方向前進，23 日占領了克林，28 日到達伊斯特拉鎮，此地距離莫斯科只有 24 公里，甚至霍特從他的望遠鏡裡就能夠看見克里姆林宮的圓頂。

在霍特兵團的右面，霍普納的第 4 裝甲兵團行進到了莫斯科以西的齊維特科瓦。同時，南面古德里安的第 2 裝甲軍團也包圍了莫斯科東南方的圖拉。

然而，擔任正面攻擊的克魯格的第 4 集團軍卻受到了蘇軍的頑強抵抗。由於朱可夫幾乎把所有的精銳部隊都用在了這個方向上，第 4 集團軍的突擊一開始就非常不順利。22 日，中央集團軍群司令波克元帥親自上陣指揮第 4 集團軍作戰，他把一切可以抽調的兵力都投入到了這場戰鬥中，按照朱可夫自己的說法：「當最後一營兵力投入之後，也許就可以決定勝負。」

到了 11 月 27 日，天氣條件更加惡劣，僅僅是在兩小時之內，氣溫就驟然下降了 20 度，一下子跌到了攝氏零下 40 度。結果當時大部分德軍都沒有

禦寒的衣服，數以萬計的人員被凍傷，甚至被凍死的士兵多達百人。更為可怕的是，嚴寒不僅摧殘了士兵的身體，也使機器停轉、武器失靈。而與德軍形成鮮明對比的是，來自西伯利亞的蘇軍早就有了冬季作戰的經驗和準備，當時蘇軍的新型坦克 T-34、T-35 都非常適合在嚴寒下作戰。

反攻時機到了

就是這個時候，蘇軍的最高統帥部認為反攻的時機到了。於是史達林任命華西列夫斯基中將擔任代理總參謀長，並命令他立即擬定反攻作戰計畫。

12 月 1 日，波克指揮他的疲憊之師，再一次發起攻勢，想做最後的努力。雖然之前德軍取得了一些進展，但是最後還是被莫斯科周圍堅強的防禦所阻止。

12 月 2 日，有一小支德軍通過蘇軍防線，直接衝到了莫斯科近郊地區，但是被莫斯科工廠的工人們發現，之後與德軍進行了殊死搏鬥。在當天晚上，這一小支德軍就被蘇軍趕回了他們原來的陣地。

而與此同時，德軍在各個方向的進攻都被這可怕的嚴寒和蘇軍的頑強抵抗給阻止了。雖然莫斯科就在眼前，但是德軍已經筋疲力盡，士氣銳減。

到了 12 月 4 日，氣溫更是降至攝氏零下 52 度，這個時候德軍已經無法作戰了。古德里安懷著一顆沉重的心，他決定先行撤退。而此時的蘇軍已經做好準備，將對疲憊不堪、被凍得半死的德軍發起強大的反攻。

第一次大規模反攻開始

12 月 5 日這一天，史達林下令蘇軍實施自開戰以來的首次大規模反攻。科涅夫指揮的加里寧方面軍率先對北路的德軍發起猛攻，兩天時間就收復了克林。而在 6 日，朱可夫指揮西方方面軍向中路和南路德軍發起了強大反

攻。至此六天之後，各路德軍的戰線均被蘇軍迅速突破。12 月 15 日，蘇聯政府機構又遷回了莫斯科。

希特勒得知戰情之後非常氣憤，12 月 19 日，他免去了陸軍總司令布勞希奇的職務，並自己親自兼任陸軍總司令。他發布命令說：「每一個人應站在其現在位置上打回去，當後方沒有既設陣地時，絕對不許後退。」

最後到了 12 月底，在莫斯科的西南方向，蘇軍又收復了卡盧加，而西北方向的加里寧也被蘇軍收復。

至此，莫斯科會戰結束，蘇軍取得了蘇德戰爭爆發以來的第一次勝利。德軍損失人員多達 50 餘萬，坦克 1,300 多輛，火炮 2,500 門，也是從此之後，德軍不得不改「閃擊戰」為持久戰。

◇知識拓展◇

莫斯科紅場

紅場是俄羅斯首都莫斯科市中心的著名廣場，位於莫斯科市中心，西南與克里姆林宮相毗連。最早是前蘇聯重要節日舉行群眾集會和閱兵的地方，建於 15 世紀末，17 世紀後半期取今名。

紅場平面長方形，面積約 4 公頃。西側是克里姆林宮，北面為國立歷史博物館，東側為百貨大樓，南部為聖瓦西里主教座堂，臨莫斯科河。列寧陵墓位於靠宮牆一面的中部。墓上為檢閱臺，兩旁為觀禮臺。

史達林格勒戰役〈1942〉──
英魂鑄就鋼鐵之城

◇作戰實力◇

史達林格勒戰役雙方實力對比表

	戰爭階段	人數	火炮	坦克	飛機
蘇聯	初期	187,000 人	2,200 門	400 輛	300 架
	蘇聯反攻	1,103,000 人	15,501 門	1,463 輛	1,115 架
	戰爭損失	478,741 人死亡或失蹤；650,878 人受傷及染病；40,000 名以上平民死亡	15,728 門	4,341 輛	2,769 架
德國	初期	270,000 人	3,000 門	500 輛	600 架（9 月中旬增至 1,600 架）
	蘇聯反攻	1,011,000 人	10,250 門	675 輛	732 架（402 架可用）
	戰爭損失	750,000 人死亡或受傷；91,000 人被俘	-	-	900 架（包括 274 架運輸機及 165 架被當作運輸機的轟炸機）

◇戰場對決◇

沉寂背後暗藏著風暴

在莫斯科會戰之後，漫長的蘇德戰線相對沉寂下來。當時的雙方已經是秣馬厲兵，準備一場更大規模的戰役，從而爭奪戰略的主動權。這時的德軍已經無力在前蘇聯發動全線的進攻，只好被迫把兵力集中到南線，準備發動一場局部的攻勢，而矛頭就是史達林格勒。

當時希特勒制定進攻史達林格勒的戰役計畫是：首先占領頓河與窩瓦河之間的狹窄地段，以切斷前蘇聯的南北交通。占領史達林格勒後再分兵兩路：一支沿著窩瓦河北上直取喀山，包圍莫斯科；而另一支軍隊向東南推進，奪取巴庫油田，占領高加索地區，越過伊朗，南出波斯灣，這樣就可以與日本軍隊在印度洋會師。

為了這次南線攻勢，希特勒集中了多達 150 萬人的兵力，並把在北非作戰的一部分飛機和坦克也抽調了過來。弗賴赫爾‧馮‧辛納斯將軍指揮的「B」集團軍群擔任對史達林格勒的主攻。

而前蘇聯方面的總方針是：首先誘敵深入，之後再進行頑強的抵抗，消耗敵人力量，積極創造作戰條件，最後轉入反攻。前蘇聯的最高統帥部為了保衛史達林格勒，於 7 月 12 日成立了由鐵木辛哥元帥指揮的新的史達林格勒方面軍，配置在總長 520 公里的頓河大河彎曲防線上。

面臨強敵，史達林格勒的軍民早就嚴陣以待，響亮發出了「絕不後退一步！」的口號，在全城四周構築了四道防禦圍廓，即外層、中層、內層和市區圍廓。後來這些防禦設施雖然沒有修建完全，但還是在防禦中發揮了不小的作用。

德軍打響大會戰

1942 年 7 月 17 日，會戰開始。德軍向前蘇軍前沿陣地發起了猛烈的攻擊，自然也同樣遭到了前蘇軍的頑強防禦和坦克的反突擊。到了 7 月底，德軍終於衝到頓河邊。德軍統帥部意識到單靠「B」集團軍群的現有兵力不足以攻下史達林格勒，於是又從高加索調來了坦克第 4 集團軍，計劃從南面攻打史達林格勒。而前蘇軍的最高統帥部也重新調整了兵力部署。前蘇軍經過浴血苦戰，把德軍阻止在了頓河西岸長達一個月之久。

但是由於德軍不斷以強大的坦克部隊和優勢兵力向前蘇軍進行猛攻，德軍最後在 8 月 23 日強渡過頓河河曲，出現在史達林格勒市區以北的窩瓦河河岸，這樣一來不但對市區構成了嚴重的威脅，而且也把前蘇軍也分割成兩部分。

此時，德軍還對市區進行輪番的狂轟濫炸，平均每天出動飛機多達上千架次，後來統計共投下了 100 多萬顆炸彈，使城市變為一片焦土。

即使這樣，史達林格勒人民也沒有屈服，反而更加激起他們復仇的怒火。當時北郊的曳引機廠離德軍只有 1.5 公里遠，工人們冒著敵人猛烈的炮火和空中轟炸，繼續生產和修理被打壞的坦克；許多工人直接開著剛剛裝配好的坦克就到前線陣地參戰。

紅軍與德軍激烈的巷戰開始

9 月 12 日，德軍從西面和南面逼近了市區。第二天，德軍發動了第三次進攻，也是最猛烈的一次進攻，即展開直接爭奪城市的戰鬥。9 月 14 日下午，德軍突破了前蘇軍防線，進入了市中心。至此，激烈的巷戰也開始了。

雖然德軍占有明顯的優勢，但是史達林格勒的軍民們頑強抵抗，與衝進市區的德國人進行殊死的戰鬥。每個街區、每幢樓房，甚至每層樓、每間

房、每個街壘，都要進行反覆爭奪，有時要費幾天、幾十天甚至幾個月才能決定最後歸屬於誰。

　　戰鬥是空前的激烈，前蘇軍不少師只剩下幾十個人，但仍堅守陣地。近衛軍中士雅可夫‧巴夫洛夫領導的一個四人戰鬥小組死守一幢四層樓房達兩個月之久。德軍反覆進行衝擊，但是始終沒有攻下這座樓房。如此激烈的血戰讓德軍感到膽戰心驚。

　　戰鬥進行到 11 月 18 日，德軍的全部後備力量已經消耗殆盡。第一線的主力也打得精疲力竭，寸步難行，德軍被迫轉入了防禦。

紅軍的反攻時機已到

　　對於前蘇軍軍隊來說，德軍的防禦正是攻勢的開始。在史達林格勒防禦階段，最高統帥部代表朱可夫和華西列夫斯基的主持下，前蘇軍制定了反攻計畫，為反攻的到來做了大量準備工作。

　　更重要的是，前蘇軍的士氣空前高漲，對勝利充滿信心；但是德軍的士氣低落，為紅軍的英勇精神所震懾。

　　1942 年 11 月 19 日清晨，前蘇軍西南方面軍首先在史達林格勒西北面發起攻擊，2,000 門大炮同時轟響，到天黑時，前蘇軍已經向縱深推進了 25～30 公里。11 月 20 日，前蘇軍又在南面發起進攻。到了 22 日晚上，前蘇軍坦克第 26 軍先頭部隊抵達頓河大橋附近，發現德軍在橋上設有重兵守衛。

　　於是前蘇軍指揮官菲利波夫中校決定實行一項大膽的計畫，他命令坦克車打開車燈，大搖大擺地向前衝。結果德軍守兵看到幾十輛坦克排成一字長龍，還以為是自己的援軍到了，均予以放行。可是沒有想到，等到前蘇軍坦克一過橋就立即開火，殲滅守橋德軍，卸下德軍在橋上安放的爆炸裝置，然後打了兩顆綠色信號彈，讓後續部隊放心過橋，而菲利波夫也由於這次果敢

的行動被授予「蘇聯英雄」的稱號。

11 月 23 日，從西北和南面發起攻擊的兩支前蘇軍在卡拉奇、蘇維埃茨基、馬里諾夫卡地域會師，成功包圍了德軍鮑留斯軍團 33 萬人，然後逐漸壓縮包圍圈。德軍統帥部雖然組成了解圍軍團的增援部隊，企望突破前蘇軍的包圍，但是均被阻，沒能成功。

紅軍抓住了制空權

與此同時，前蘇軍還掌握了制空權，德軍無法從空中運輸糧食、彈藥和援軍。包圍圈內僅有的德軍空軍基地慕尼黑 - 里姆機場也被前蘇軍所占領。前蘇軍利用機場的照明和無線電導航設備巧妙欺騙德軍飛行員。當時，德軍還不知道機場已為被前蘇軍所占，結果幾十架降落下來的德國飛機立即就成了蘇軍的「籠中之鳥」。

1943 年 1 月 8 日，前蘇軍發出最後通牒，敦促鮑留斯投降，鮑留斯請示希特勒後拒絕投降。1 月 10 日 8 點 50 分，前蘇軍以猛烈的炮火和空襲向包圍圈內的德軍進攻，地面部隊也不斷向包圍圈內推進，包圍圈變得越來越小。

1 月 24 日，鮑留斯再次請示希特勒，可是希特勒仍下令死守陣地，「直到最後一兵一卒一槍一炮」。26 日晚，德軍被分割為南北兩個部分。1 月 30 日，鮑留斯電告希特勒：「部隊將於 24 小時內最後崩潰。」希特勒趕忙發電給那些絕望掙扎的法西斯軍官晉爵，授予鮑留斯以「元帥」軍銜，其他 117

名軍官也晉升一級。

　　結果第二天，鮑留斯及其司令部全體官兵在中心百貨公司的地下室被俘；2月2日，北集群軍也投降了。

◇知識拓展◇

史達林格勒

　　史達林格勒位於頓河河曲以東五、六十公里的窩瓦河岸上，原名察里津。1918 年，史達林受列寧委託前來保衛察里津，粉碎了鄧尼金反革命叛亂和外國帝國主義的武裝干涉，為捍衛年輕的蘇維埃國家做出了重大的貢獻。1925 年，前蘇聯人民為表彰史達林的功績，將察里津命名為史達林格勒。後來，1962 年前蘇聯將它改名為伏爾加格勒。

　　史達林格勒是前蘇聯南部的工業重鎮、交通樞紐和戰略要衝。它西通頓內次克工業區，南連高加索庫班產糧區和巴庫油田，東接烏拉爾新工業區和前蘇軍戰略預備隊的集結地，北達莫斯科。

阿拉曼戰役〈1942〉——
黃沙滾滾中的最大規模現代化坦克戰

◇作戰實力◇

阿拉曼戰役雙方兵力對比

	坦克	飛機	火炮	總兵力
英國	1,029 輛	750 架	2,311 門	19.5 萬人
德意志	489 輛	675 架	1,219 門	10.4 萬人

◇戰場對決◇

非洲軍猛攻沙漠軍

1942 年 5 月 27 日，隆美爾在非洲率領納粹非洲軍團重新展開了攻勢。由於油料、彈藥充足，非洲軍的坦克投入了長達一週時間的戰鬥。由於當時進攻速度較快，所以一直保持著非常強勁的勢頭，在連續不斷的打擊當中，英國的沙漠部隊只能再一次逃回距離埃及邊境不遠的地方。

6 月 21 日，隆美爾只用了一天的時間，就攻下了英軍曾經固守了 9 個月的托布魯克，23,000 名的英國和澳洲的守軍成為了俘虜，而這裡囤積的大批作戰物資又成為了非洲軍的補給。之後非洲軍再向東推進的時候，就開始用英國的卡車運兵、用美國坦克開道了。

當時英軍進行大規模的撤退，撤退的各種車輛把公路擠得水泄不通。其實英軍並不是潰逃，而是先退到一個適當的地點，準備擬定對蘇伊士運河的防禦戰，英軍計劃打一場陣地戰。

為了蘇伊士運河，沙漠軍死守阿拉曼

到了 6 月底，非洲軍開始挺進到距離亞歷山大港和尼羅河三角洲地區僅僅 90 公里的地方，這裡就是阿拉曼。

如果非洲軍這一次越過阿拉曼防線，那麼亞歷山大港失守只是片刻工夫的事情，而從亞歷山大港再往東就是蘇伊士運河出口處的塞得港，那麼當時的墨索里尼策劃要切斷英國補給線的「阿伊達計畫」就實現了。所以，英軍知道自己不能夠再往後退了，就這樣，雙方在阿拉曼的防線僵持住了，真正吃緊的時刻即將到來，而戰爭也將馬上開始。

夏盛時節到來，邱吉爾也來到了埃及。這位謀略大師、演講大家，此刻

說別的話語也已經無濟於事，他到了埃及之後只是反覆叮囑一句話：千萬不要讓德國人到達蘇伊士運河。

當時英軍要在阿拉曼一線抑制住隆美爾的進攻，還是採用老方法，讓馬爾他島再一次活躍起來，從而最大限度地削弱德軍透過地中海航線對非洲軍進行補充。

這個時候，雖然地中海已經成為了軸心國的內湖，但是英國人苦苦經營了100多年的馬爾他島還在英國手上。

9月初，由14艘運輸船組成的船隊，在海軍護送下從蘇格蘭出發，定於9月中旬到達馬爾他。而在馬爾他島上的英軍欲阻截德國對非洲軍的補充，並且要把德軍給非洲軍的補給作為己用，因為當時的英軍也缺補給，特別是糧食和油料。

就這樣，當船隊到達義大利的西西里島附近時，遭到了德軍的艦艇和轟炸機的瘋狂攔截。9艘運輸船被擊沉，只有5艘最後衝出了火網到達馬爾他。而在這一次轟炸中，美國的油輪「俄亥俄號」被炸彈擊中6次，當時船上燃燒著熊熊的大火，而船艙裡全都是艦艇急需的燃料，最後，當船上的貨物剛剛卸完，它便沉入了港口。

馬爾他島這一次得到了急需的補充，而美國的航空母艦「大黃蜂號」上的戰鬥機也駐到了島上，這就使得馬爾他島有了防空設備，它又成為了德國運輸船隊的一道障礙，讓德國向非洲軍提供補充的供應船隻有四分之三都在這裡被擊沉。

也就是在9月分裡，隆美爾飛回柏林，謁見了希特勒。他向希特勒極力陳述，非洲軍推進到阿拉曼已經付出了非常大的代價，眼下急需補充。而且現在金字塔已經遙遙在望，只要能夠得到足夠的補充，那麼蘇伊士運河這個

頭號戰利品很快就能夠到手了。可是希特勒根本不採納隆美爾的意見，壓根就不談增援的事情，最後卻授給了隆美爾一根元帥手杖。

事後隆美爾對別人說：「與其給我這根棍子，不如給我增援一個坦克師。」其實，當時希特勒手中的精銳全部都被困在了蘇聯，自己手中已經沒有部隊可以調用了，就算有，也是運不到北非的。

正當隆美爾為軍隊的補給天天煩憂的時候，英軍的補充卻源源不斷的到來。特別是隨著美國新式「M4雪曼」坦克的大量補充，這支驚魂甫定的沙漠軍才逐漸恢復了元氣。

就在大戰前夕，英軍又走馬換將。新任的第8軍團司令是一個瘦小精幹的男人，人們親切地稱他為「蒙蒂」，而他就是英軍中將伯納德·蒙哥馬利。準確來說，蒙哥馬利算是一員福將，在他之前的沙漠軍將領哪個也不比他差，但是他非常幸運地趕上了英軍裝備最充足的時期。

沙漠軍的全面進攻開始

1942年10月23日晚上9點40分，蒙哥馬利一聲令下，整個英軍防線上的1,000多門火炮同時打響，拉開了阿拉曼戰役的序幕，23萬沙漠軍開始向不足8萬的非洲軍進行了全面的進攻。

而當時的隆美爾正在維也納住院進行治療，當他第二天趕到前線指揮作戰的時候，非洲軍早就敗下陣來。當時隆美爾受傷，既沒有坦克，也沒有汽油，甚至連預備隊也沒有。他說；「我平生頭一次不知該怎麼辦了。」

其實，非洲軍的底子不錯，在指揮上也有著充足的經驗。非洲軍的各個師團飛快地來回調動，用來抵擋來自各方的進攻，甚至還籌劃進行了反攻，但是這一切都已經無濟於事。

很快，沙漠軍就掌握了制空權，無情轟炸非洲軍的前線與後方。到了

11 月 2 日，蒙哥馬利的步兵突破了戰線，非洲軍全線開始動搖，這個時候隆美爾急忙發給希特勒電報，稱現在撤退還來得及。可是希特勒堅決不同意撤退。

在兩天後的 11 月 4 日，隆美爾擅自作出決定，把殘兵敗卒撤了下來，但是為時已晚，非洲軍的步兵只能任由別人擺布了。

在 15 天的戰鬥當中，非洲軍總共撤退了 1,000 公里，一直撤到班加西以西，最後傷亡 20,000 人，被俘 30,000 人。非洲軍也成為了戰爭爆發以來第一支向盟軍投降的軸心國部隊。

阿拉曼這一場戰役，英軍沉重打擊了德、義法西斯在北非戰場的軍事力量，德、義聯軍傷亡和被俘多達 5.9 萬人，而這次戰役也成為了北非戰局的轉捩點。

◇知識拓展◇

蘇伊士運河

蘇伊士運河是國際著名的通航運河，位於埃及境內，是連通歐亞非三大洲的主要國際海運航道，連接紅海與地中海，使大西洋、地中海與印度洋連結起來，大大縮短了東西方航程。它是亞洲與非洲的分界線之一。

蘇伊士運河全長 170 多公里，河面平均寬度為 135 公尺，平均深度為 13 公尺。蘇伊士運河從 1859 年開鑿到 1869 年竣工。運河開通後，英法兩國就壟斷蘇伊士運河公司 96% 的股份，每年獲得巨額利潤。

從 1882 年起，英國在運河地區建立了海外最大的軍事基地，駐紮了將近 10 萬軍隊。二次大戰後，埃及人民堅決要求收回蘇伊士運河的主權，並為此進行了不懈的鬥爭。1954 年 10 月，英國被迫同意在 1956 年 6 月 13 日

以前把占領軍盡數撤離埃及領土。1956 年 7 月 26 日，埃及政府宣布將蘇伊士運河公司收歸國有。

庫斯克會戰〈1943〉──
坦克大顯身手的重量級戰役

◇作戰實力◇

庫斯克會戰蘇德雙方軍事力量對比

	總兵力	火炮和迫擊炮	坦克和自行火炮	飛機
德軍	90 多萬人	約 1 萬門	2,700 輛	2,050 架
蘇軍	57.3 萬人	8,510 門	1,639 輛	-

◇戰場對決◇

戰役開始

一個個被認為德軍可能發動進攻的日子都平安度過了，在兩個月的時間當中，前線顯得異常平靜。時間逐漸到了 7 月 4 日夜，在突出部南部的蘇聯近衛第 6 集團軍捕獲了德軍第 168 步兵師的一個士兵，他交代德軍即將在第二天發動進攻。到了 7 月 5 日凌晨，在突出部北部的蘇第 13 集團軍也俘虜到了一個德國第 6 步兵師的中士，這個人也說德軍會在幾小時之後發動進攻。

於是，為了打亂德軍的進攻步驟，朱可夫於 5 日 2 點 20 分下達向德軍陣地實施炮火反擊的準備命令，庫斯克會戰的序幕由此拉開。

德軍的南線進攻

結果蘇軍的炮擊完全出乎德軍的意料，給德軍造成了龐大的損失。而德軍南方集團軍群的第 4 裝甲集團軍根據預定計畫發起了進攻，在損失了 36 輛坦克之後，德軍艱難越過了蘇軍的反坦克雷區，開始猛攻蘇第 67 近衛步兵師的防線。面對德軍 3 個師的進攻，蘇第 67 近衛步兵師難以抵擋，最後被迫後退。

在 6 日傍晚，瓦圖京向華西列夫斯基請求增援，在得到最高統帥部的同意之後，立即把草原方面軍第 5 近衛集團軍的第 2 和第 10 坦克軍的 353 輛坦克調往沃羅涅日方面軍。

而在制空權的爭奪上，透過 7、8 兩日的空戰，蘇聯空軍也逐漸扭轉了劣勢，說白了，完全奪取制空權只是時間問題。

普羅霍羅夫卡坦克大戰

7 月 9 日這一天是庫斯克會戰最為關鍵的一天，瓦圖京指揮部隊繼續在正面抵擋德軍向奧博揚推進，同時繼續在兩翼發動反擊，雖然這次反擊一次又一次遭到失敗，但是卻讓德軍無法集中全部火力攻擊他們的主要目標。

7 月 12 日早上，戰鬥打響了，蘇德雙方幾乎是同時發動進攻。在剛開始的時候，德軍「虎式」坦克的 88 毫米炮明顯占據了優勢，而蘇軍 T-34 坦克的 76 毫米炮在同樣距離下則無法對德軍造成威脅，所以，蘇軍的坦克只好開足馬力以最高速度向德軍衝去。希望能夠透過接近德軍的坦克來發揮 T-34 機動性的優勢，好戰勝笨重的「虎式」坦克。

在衝鋒過程中，蘇軍的坦克自然是付出了慘重代價。當雙方接近之後，戰鬥變得更加慘烈，坦克一輛一輛被摧毀，即使在被毀的坦克旁邊，雙方的士兵還是在不斷進行射擊，甚至互相進行肉搏。戰鬥一直持續到傍晚，最後

雙方都精疲力竭了，戰鬥才停了下來，結果在戰場上，到處都是坦克的殘骸和士兵的屍體。

德軍的北線進攻

在北線，蘇軍的炮擊也讓德軍的進攻比計畫延後了 2 個半小時，在幾十分鐘的炮火準備和空中轟炸之後，德第 9 集團按照原計畫開始了進攻。

當時莫德爾為了把蘇軍的注意力從德軍的主攻方向上引開，於是就先在左翼以 3 個步兵師實施佯攻，結果被蘇軍阻止了。

而在主攻方向上，德軍集中了 4 個裝甲師和 3 個步兵師的兵力，雙方經過激烈的戰鬥，他們突破了蘇第 13 集團軍的第一道防線，艱難地向前推進了 5 公里。可是在兩翼，蘇軍仍然頑強地堅守著陣地。

到了 7 月 7 日凌晨，德軍又一次發動了進攻，企圖奪取交通樞紐波內里，戰況十分激烈，德軍這一次攻入了市區，但是最後都被頑強的蘇軍趕了出來，而蘇聯空軍經過激戰，最後奪取了庫斯克北部地方的制空權，從而給德國地面部隊造成了很大的威懾。

戰鬥一直持續到 7 月 8 日，德軍雖然讓蘇軍造成了很大的損失，但是蘇軍仍然依靠數量上的優勢堅守住了陣地。在波內里城內，德軍在付出了慘重的代價之後終於占領了大半個波內里。可是城市內的一些重要據點，還是由蘇軍占著。

7 月 9 日，莫德爾以 300 輛坦克向蘇軍陣地發動了最後一次進攻，結果還是一無所獲，此時德軍第 9 集團軍的攻擊能量已經消耗殆盡，莫德爾被迫在 10 日轉入防禦。

德軍南線的進攻

當德軍在 7 月 23 日和蘇軍脫離接觸之後，史達林便要求蘇軍立刻發動反攻，但是朱可夫認為經過連續的艱苦戰鬥之後，在發動攻勢前，蘇軍應該進行必要的補充和休整，於是蘇軍最終把進攻的日期定在了 8 月 3 日。

8 月 3 日凌晨 5 點，蘇軍近萬門大炮齊鳴，大量的炮彈傾卸在了德軍陣地上，炮擊持續了兩個多小時，最後以一陣「喀秋莎」火箭炮的齊射作為結束，之後坦克和步兵又開始發起了攻擊。

在 8 月 11 日德軍也已經集結完畢了，而且還補充了充足的彈藥和燃料，曼斯坦因也開始反攻，而這個時候，蘇軍的坦克部隊還處於追擊狀態，各部隊之間非常分散，而且步兵和炮兵經過好幾天的激戰，彈藥和燃料都已經嚴重不足，更重要的是蘇軍對於德軍的進攻居然沒有察覺。

就這樣，戰鬥一直持續到 8 月 17 日，雙方都遭受了巨大損失。

◇知識拓展◇

「喀秋莎」火箭炮

一戰爆發後，苦於飛機裝備的武器威力不足，俄國人便想在飛機上安裝大威力的航空武器。

喀秋莎火箭炮研製成功後，在戰場上發揮了強大的作用。據說喀秋莎火箭炮的名字來源於發射筒上的英文標誌「k」字。看見發射筒上的「k」字，索性就想起了一個名叫喀秋莎的女子。她淳樸、善良，是一位才華洋溢的女子，她的故事一直激勵著後人。後來就把這種火箭炮命名為「喀秋莎」。

塞班島戰役〈1944〉——
「武士道」情結下的「皇軍」喋血慘案

◇作戰實力◇

塞班島戰役雙方軍事力量對比

	軍艦	飛機	士兵
美軍	640 多艘	1,000 餘架艦載機，620 架岸基機	3 個陸戰師、2 個步兵師、1 個陸戰旅，共 12.8 萬人
日軍	55 艘	630 架	4.3 萬餘人

◇戰場對決◇

從「逐島進攻」到「蛙跳戰略」

在太平洋戰爭期間，美軍於 1944 年 6～7 月在塞班島進行了一場登陸戰役。美軍從 6 月 11 日開始實施航空和艦炮的火力準備，摧毀了島上大部分地面工事。15 日，美國的第 2、第 4 陸戰師在塞班島西岸查蘭卡諾亞地區成功登陸，傍晚就占領了登陸場。

當天和 16 日夜間，日軍雖然實施了多次小規模的反擊，但是均被擊退。到了 17 日夜，日軍再一次發起反擊，一度突入到了美軍的陣地，可是由於日軍缺乏後續梯隊，第二天早上就被美軍擊退。

在 1944 年 6 月，美國調集了包括海軍陸戰隊、艦艇、步兵等在內的 7 萬多人，對塞班島發動了大規模的登陸戰役，而當時駐島的日軍只有 4 萬多人。

之後，在美軍的強大攻勢之下，日軍遭受到了慘重的損失，節節敗退，

而塞班島之戰也成為軍事史上最慘烈的戰役之一，雙方大約激戰了 20 多天，日軍死亡多達 41,000 人，而美軍也損失了 16,500 人。

與此同時，美國將其在太平洋戰場上的「逐島進攻」的戰略方式，改為了「蛙跳戰略」，也就是越過了日軍防守的一些次要的島嶼，最後奪取了太平洋上最為關鍵和最為重要的據點，從而一舉切斷了日本的海空交通線，美國的海空軍戰略基地在此建立起來。

為此，美軍決定繞過加羅林群島，直取馬利安納群島，美軍的目的就是要攻克塞班島、天寧島，從而一舉奪回關島，突破日本的內防禦圈。

當時，美國太平洋艦隊總司令尼米茲上將把這次戰役命名為「奇襲行動」，並且親自指揮。

「奇襲行動」全面開始

1944 年 6 月 11 日，米切爾將軍指揮的美國第 58 特混艦隊起飛 225 架艦載機對塞班島上的機場進行了突襲，塞班島上的許多日本飛機最後被擊落或被炸毀。

到了 12 日，500 架美國艦載機開始空襲塞班島。13 日，美國艦隊又對塞班島進行了一整天的轟炸，發射了多達 1.5 萬發的 16 英寸炮彈。15 日，美國開始在塞班島登陸，3.5 萬日軍、2.2 萬日本居民死守塞班島，戰況可以說是十分激烈。

19、20 日，日本聯合艦隊在與美國第 5 艦隊的交戰當中接連遭受到了慘敗，損失飛機 400 多架、航母 2 艘、巡洋艦 1 艘，另外還有 3 艘航母受到了損傷，至此日軍也失去了制空權和制海權，塞班島已經孤立無援。

20 日，美軍奪取了 500 號高地。21 日，美軍又炸毀了日軍的「綠色 1 號海灘彈藥庫」，這讓日軍遭受了更大的損失。23 日，日軍被迫開始退守塔

波喬山以東的狹小山谷。當時，齋藤義次中將的第43師團殘部全部盤踞在1,000碼寬的山谷裡面，靠著懸崖峭壁和眾多山洞死守，這就是著名的「死亡谷」。

在作戰過程中，美國陸軍的第27師進展非常緩慢，結果師長拉夫爾少將被撤職。可是「死亡谷」之戰的進展仍然非常緩慢。之後，左翼的美國海軍陸戰隊第2師攻占了塔波喬山。到了30日，哈里‧施米特少將指揮的海軍陸戰隊第4師終於突破了「死亡谷」。

7月5日，日軍又被迫被驅趕到了塞班島上的北隅高地，而把自己的司令部設在「地獄谷」。

7月6日，三名日本將官，第43師團長齋藤義次中將、第31軍參謀長井桁敬治少將、太平洋中部艦隊司令南雲中一大將在山洞裡自殺。而日軍殘部和傷病員幾千人，在7日凌晨3點發起了最後的衝鋒。

在這一片的殺聲當中，朝著美國的第27步兵師猛撲過來，這就是歷史上有名的「切腹谷」大血戰。

當時揮舞著軍刀的日本軍官們根本不顧及美國士兵機槍的掃射，帶頭發起了拚命的衝鋒，而日本士兵也開始瘋狂地向前衝殺。之後，日本的傷兵也拄著拐杖，一瘸一拐地參加衝擊。

可以說，這一次是日本陸軍有史以來最大規模、最凶猛的一次衝鋒，只見人流狂叫著，踩著成堆的屍體，衝破了美軍的前線陣地。

8日，美軍為了掩埋日軍的大量屍體，不得不調來推土機，將「切腹谷」的一條小山溝進行了改造，挖掘了一個大墓坑，墓坑中掩埋了許多日軍的屍體。

「奇襲行動」的第二階段和第三階段全面的展開

在美軍占領了塞班島之後,「奇襲行動」的第二階段和第三階段也已經全面展開了。

8月3日,天寧島將近一萬多人的日軍大部被殲滅,而第一航空艦隊司令長官角田覺治中將也戰死沙場。

8月11日,關島日本守軍的最高指揮官第31軍司令小畑英良中將自殺,島上的 18,000 多名日軍多數戰死。

可以說,「奇襲行動」獲得了全勝,美軍占領馬利安納群島,一舉突破了日本的內防禦圈,從此之後,日本統治集團更是一片驚慌,內部矛盾也逐漸加劇,東條英機被迫辭去首相職務,改由原朝鮮總督、號稱「高麗之虎」的陸軍大將小磯國昭擔任首相。

軍國主義培養下的瘋狂日本士兵

在軍國主義的培養下,日本士兵已經喪失了人性,三萬日軍打到最後只剩下三千人,而這三千人向美軍發起了最後的衝鋒。他們跌跌撞撞,「有的撐著拐杖,有的吊著繃帶,除了缺手臂少腿,有的眼睛還被打瞎了」,最後,他們脫掉了鋼盔,頭上捆起了白帶,「端著機槍和戰刀,有的僅僅拿著綁在竹竿上的刺刀,有的甚至赤手空拳,潮水似地湧向美軍陣地」。而那些已經筋疲力盡的日軍重傷患,則引爆了身上的手榴彈。

而與日軍最後衝鋒的同時,塞班島上的日本平民百姓也進行了大規模的自殺,他們有的人從山崖上跳下,有的父母抱著孩子,一家一家走向海裡⋯⋯當時整個海面都漂滿了日本人的屍體。

見到這樣的情況,美軍將坦克車改裝成了宣傳車,到處呼叫:「我們不會傷害你們的!」可是這些所謂的宣傳幾乎沒有任何效果,據統計,塞班島總

共有一萬多日本平民百姓死於自殺。

當時,日本士兵在洞穴內遭到了慘不忍睹的痛苦以及他們淒然絕望的敢死進攻,讓美國士兵對於『勿忘珍珠港』的格言變得越來越模糊。最後一些泣不成聲的美國士兵甚至說道:「日本人……他們為什麼……要這樣自殺?」

塞班之戰,也讓美軍的作戰部隊十分害怕,之後讓他們更加迷惑不解,後來又使他們產生了憎惡,最後讓很多看到日本老百姓自殺情形的美國士兵流露出了真誠的憐憫。

◇知識拓展◇

麥克阿瑟的跳島戰術

在第二次世界大戰中,美軍的西南太平洋戰區司令官麥克阿瑟提出,要從澳洲推進到日本本土,而不需要殲滅日軍在西南太平洋諸島上的全部兵力,只需要從澳洲開始幾次蛙跳,占領一系列的戰略據點,就可以推進到日本本土。每次蛙跳的距離,必須在海、空軍的攻擊範圍之內。

硫磺島戰役〈1945〉──
日軍的「深挖洞廣積糧」加速了核戰爭的爆發

◇作戰實力◇

硫磺島戰役美日軍事力量一覽表

	參戰情況		損失情況		
	人數	飛機	陣亡	被俘	共計
美國	11 萬人	-	6,821 人	21,865 人	28,686 人
日本	2.3 萬人	30 多架	22,305 人	1,083 人	23,388 人

◇戰場對決◇

一次經典的防守之戰

硫磺島戰役是第二次世界大戰期間在太平洋戰場上發生的最慘烈的一次戰役，交戰的美日雙方僅僅是為了爭奪 20 多平方公里的硫磺島，居然進行了長達一個多月的殊死搏鬥，在這個小小的島嶼上，到處都是血肉橫飛、屍積如山的場景。

當時日軍在硫磺島作戰，幾乎可以說是在完全孤立的島嶼上進行抗登陸戰，日軍只有 2 萬人左右，而且沒有海空支援，更沒有增援補給，僅僅是憑藉堅固而隱蔽的工事，採取了正確的戰術，與美軍進行著頑強的抵抗，讓美軍原計劃 5 天就能夠攻占的彈丸小島，足足打了 36 天，而且也讓美軍付出了慘痛的代價。

必爭之地

硫磺島其實就是西太平洋上一座由火山熔岩冷卻後形成的火山島，雖然

是一座彈丸小島，但是卻處在戰略要地。它北面距離東京 1,200 公里，而南面距離馬利安納群島的塞班島 1,100 公里，幾乎可以說是在兩地的中間位置。

當時美軍在占領了塞班島之後，就一直以塞班島作為基地對東京進行空襲，但是由於硫磺島能夠為日軍提前報警，所以，美軍對東京的空襲一直沒有取得實質性進展。而且駐紮在硫磺島的日軍戰鬥機還時不時升空進行攔截、沖散和破壞美軍的轟炸機群。

後來，美國為了總攻日本，下定決心奪占硫磺島；而日本方面為了東京的安全，也要堅守住硫磺島。結果，這座毫無人際的小小火山島，在太平洋戰爭的後期居然成為了日美的必爭之地。

1945 年初，美軍在控制了菲律賓之後，於 1945 年 2 月 16 日開始進攻硫磺島。由於當時日軍的海空軍主力已經在菲律賓戰役中遭到了毀滅性的打擊，所以已經沒有能力為硫磺島提供海空的支援，日軍幾乎要在沒有海空支援的情況下進行戰鬥。當時，在島上駐軍的日軍總計 2.3 萬人，飛機 30 餘架，全部由粟林忠道中將統一指揮。

坑道工事的奇蹟

粟林忠道雖然是軍國主義分子，但是他同樣也是一名出色的職業軍人，粟林忠道擔任過日本天皇警衛部隊的指揮官，可以說他是二戰末期日本最傑出的將領。

當時粟林忠道面對美軍進攻部隊壓倒性的海空優勢，意識到按照傳統的灘頭作戰方式是完全無法抵擋美軍進攻的，於是他在心中構思了一個驚人的防守計畫：

把整個 20 平方公里的硫磺島變成一個龐大的地下工事！在粟林忠道的命令下，日軍在岩石中開鑿了超過 1,500 座的石室工事，以及總長超過 18 公

里的地下隧道。

地下的防禦坑道可謂是縱橫交錯，而且炮兵陣地也都建成了半地下式，這樣就大大提高了猛烈轟擊下的生存能力。

日軍的火炮和通訊網路都受到了良好保護，摺缽山幾乎被掏空，築有的坑道更是有九層之多。此外，粟林忠道還針對美軍的作戰特點，在海灘的縱深地帶埋設了大量地雷，用機槍、迫擊炮、反坦克炮構成了非常密集的火力網，所有武器的配置與射擊目標粟林忠道都進行過精確計算，既能夠最好地隱蔽自己，又能夠最大限度地殺傷敵軍。

正是由於粟林忠道的這些苦心經營，在後來的戰鬥中確實對美軍造成了非常大的傷害，也使得硫磺島之戰成為太平洋上最殘酷、艱巨的登陸戰役。

在剛開始的時候，美軍的將領們都認為攻占這樣一個彈丸小島，肯定不會花費多大的力氣，可是當他們看到了空中偵察所拍攝的航空照片之後，才知道在這座島上有著非常堅固而且不同尋常的防禦系統。

美軍慘勝

美軍從 1945 年 2 月 16 日開始對硫磺島進行轟炸，這是太平洋戰場上最猛烈的空襲，據統計，總彈藥的投射量是三角高地戰役的兩到三倍。

美軍太平洋高級將領尼米茲將軍曾經說：「沒有其他島嶼像硫磺島那樣挨炸彈，可是讓我們難以置信的是，這麼猛烈的轟炸卻根本沒有撼動日軍的一絲一毫。特別是地下坑道部分，可以說在轟炸中安然無恙。2 萬多名全副武裝的日軍就躲在硫磺島的火山岩工事中，耐心地等待著美軍到來。」

美軍在空中轟炸的同時，也向硫磺島投入了超過 11 萬名的海軍陸戰隊隊員。1945 年 2 月 19 日凌晨 2 點，登陸戰正式打響了。

美國海軍艦艇的凶猛炮擊為硫磺島之戰敲響了開場鐘聲，在一個小時的

炮擊之後，整個硫磺島被籠罩在了火光和濃煙之中，真的是人間煉獄。

上午 8 點 30 分，美軍的第一批部隊開始登陸硫磺島。等登陸之後，美軍才發現島上被炸得鬆散不堪的海灘已經不能挖兵坑，這樣就無法隱蔽自己。而美軍就好像是沙灘上的橡皮鴨子，讓隱蔽好的日軍進行打靶練習，日軍的每一槍幾乎都能夠把美軍打倒。

由於當時日軍士兵都躲在地下坑道裡面，所以美軍的還擊火力效果可以說微乎其微，重武器在海灘上也起不了作用，只見海灘上一片混亂，戰事對美軍非常不利。

登陸硫磺島的美軍每前進一步，都要付出龐大的代價，戰鬥已經成為了不折不扣的消耗戰，有的時候美軍一整天才前進 4 公尺。而且美軍又多次陷入到日軍的交叉火網，傷亡更是慘重得難以統計，整座硫磺島簡直成為了美軍的「絞肉機」，戰鬥部隊的傷亡高達 50% 以上。當時在有經驗的連、排長和軍士長傷亡之後，許多連隊的連長就由少尉或上士擔任，而排、班長大都由一些出色的士兵擔任。

由於傷亡慘重，美軍士兵已經沒有勇氣再投入戰鬥，最後直到美軍開始使用大量的噴火器才扭轉了被動的戰局。

當時日軍受到猛烈的火焰燒烤，而每當日軍士兵渾身著火地從坑道跑出來的時候，迎接他們的就是美軍的子彈。最後，很多日軍士兵都是身上捆滿手榴彈撲出工事與美軍噴火器射手同歸於盡的。

直到 1945 年 3 月 26 日，硫磺島這場殘酷的爭奪戰才基本結束，粟林忠道在負傷後切腹自殺，但是清剿日軍殘餘部隊的戰鬥一直持續了 4 月底。

成功奪取硫磺島，使美軍在轟炸日本本土上有了重要空軍基地，而且也為美軍打開了直取日本本土的大門。

◇知識拓展◇

栗林忠道

栗林忠道（西元 1891.7.7 ～ 1945.3.26），他出身於長野，小時候希望成為一名記者，後來因成績優秀，被導師推薦進了陸軍士官學校，並以當年第二名的成績畢業。後來為駐美的武官，是個「美國通」。

1944 年，栗林忠道從滿洲調到硫黃島，負責島上的防禦。當時日本國力虧空，栗林忠道僅僅率一個臨時拼湊的陸軍軍團，總共兩萬多人防守 22 平方公里的硫黃島（其中不乏強徵來的老兵小兵）。

栗林忠道非常了解美軍的技術優勢，因此到任後力排眾議，決定放棄灘頭陣地，深挖洞進行持久戰，並且每天在島上巡迴查看。戰後被俘的日本兵竟然每個人都聲稱見過他們的最高指揮官，這讓美軍感到相當吃驚。

柏林會戰〈1945〉——
二戰中一錘定音的粉碎性戰役

◇作戰實力◇

柏林會戰雙方實力對比

	參戰人數	飛機	火炮	坦克
蘇聯	250 萬	7,500 架	10,400 門	6,250 輛
德國	100 萬	3,300 架	42,000 門	1,500 輛

◇戰場對決◇

進逼柏林

為了能夠先於美英盟軍攻占作為德國政治中心的柏林，蘇聯最高統帥部決定從 1945 年 4 月中旬對柏林發起總攻。

在 4 月 16 日清晨 5 點整，朱可夫下達了攻擊命令，蘇軍的炮彈呼嘯著傾斜到了德軍的防禦陣地上，除此之外，轟炸機也向德軍頭頂上投擲了大量的炸彈，整個大地都開始顫抖。

在轟炸 20 分鐘過後，143 個探照燈一下子都亮了起來，把德軍的陣地照得通明，德軍士兵們還沒有做好準備，蘇軍就趁機向陣地衝去。很快，朱可夫的白俄羅斯第 1 方面軍就突破了德軍在柏林周邊的第一道防禦地帶。與此同時，南面科涅夫的烏克蘭第 1 方面軍也於 4 月 16 日早上在尼斯河畔發起了進攻，之後迅速渡過了尼斯河。

到了 4 月 18 日早上，蘇軍透過努力終於占領了施勞弗高地，開始向柏林城挺進。20 日早晨，白俄羅斯第 1 方面軍的先頭部隊第 3 突擊集團軍在庫茲涅佐夫上將的率領下，到達柏林近郊，這樣就讓整個柏林市區都處在了榴彈炮和加農炮的射程之內。20 日下午 1 點 30 分，蘇軍的地面炮兵群第一次向柏林城內進行轟擊。

市區的大激戰

由於蘇軍已經兵臨柏林城下，於是希特勒下令德軍統帥部撤離柏林，而他本人則留下來準備與柏林共存亡。

4 月 26 日清晨，蘇軍的數千架飛機飛到柏林上空，再一次投下了成千上萬噸的炸彈和汽油彈。而在地面上，平均每英里都會部署近千門的各種火炮

集中射擊，柏林轉眼間就成為了地獄。

即使這樣，希特勒也還做著不著邊際的幻想，他對柏林守備司令魏德林說：「局勢會好轉的，我們的第9集團軍即將到達柏林，和第12集團軍一起，對敵人實施反突擊，俄國人將在柏林遭到最慘重的失敗。」

其實，希特勒根本不知道，當時部署在柏林東南部的布施將軍指揮的第9集團軍早就被蘇軍分割包圍了，根本無法向柏林前進。而在柏林西南防守易北河的第12集團軍，由溫克將軍率領拚命向柏林靠近，但最後還是因為受到美軍的牽制和蘇軍的阻擊，在行進到費爾希地域之後就再也前進不了了。

4月28日，白俄羅斯的第1方面軍所屬的第3突擊集團軍和近衛第8集團軍已經逼到了柏林的大蒂爾加滕公園區，而這個花園區是柏林守軍最後一處支撐點，由於該陣地有政府辦公廳、國會大廈、最高統帥部等象徵第三帝國權力的最高首腦機關，所以，柏林守備司令部把黨衛軍最精銳的部隊都部署在這裡。

當時崔可夫上將指揮的近衛第8集團軍首先向這一地區發起進攻，在當天下午就跨過了蘭維爾運河，占領了德軍的通訊樞紐，如此便切斷了柏林與外界的主要通訊聯絡。

深夜，第3突擊集團軍在庫茲涅佐夫上將的指揮下又開始向國會大廈周邊的內務部大樓發起強攻，德軍進行著絕望而又十分頑強的抵抗，戰鬥一直持續到29日深夜才結束，最後在德軍幾乎全部陣亡的情況下，蘇軍才攻占了這座大樓。

而這一天又發生了一個小插曲，在29日凌晨1點，希特勒宣布與等了他12年的伊娃·布朗舉行婚禮。在婚禮完畢之後，希特勒開始口述他的遺囑，指定海軍元帥鄧尼茲為他的接班人，他決定自殺，並希望他們夫婦的遺

體能夠在總理府進行火化。

　　30 日下午 3 點 30 分，希特勒與剛結婚一天的妻子在地下暗堡的寢室裡雙雙服毒自殺，希特勒在服毒的同時，還舉槍對自己的太陽穴開了一槍。接著，戈培爾等人將希特勒和伊娃的遺體抬到總理府花園的一個彈坑裡，澆上汽油進行了火化。

蘇軍攻占德國國會大廈

　　蘇軍攻占國會大廈的戰鬥還在激烈進行著。30 日下午 6 點，蘇軍士兵再一次朝著這座國會大廈發起了衝擊。盤踞在這裡的將近 2,000 名德軍士兵不愧是第三帝國的「御林軍」，他們進行著非常頑強的抵抗，讓蘇軍每前進一步都會付出非常慘烈的代價。

　　在血戰當中，即使蘇軍占領了大廈下面的樓層，在上面樓層負責守備的德軍也不肯投降，蘇軍只好一層樓一層樓地與德軍進行搏鬥，可以說當時在大廈的任何一角，都在進行著激戰。最後，蘇軍靠著源源不斷湧進大廈內的強大兵力，才逐漸粉碎了守軍的抵抗。晚上 9 點 50 分，蘇軍將勝利的紅旗插上了國會大廈主樓的圓頂。

　　30 日深夜，德軍透過廣播請求臨時停火，要求與蘇軍進行談判。5 月 1 日凌晨 3 點 55 分，德國陸軍總參謀長克雷布斯將軍打著白旗鑽出了帝國辦公廳的地下掩蔽部，前往蘇近衛第 8 集團軍的前線指揮所進行談判。

　　當時，克雷布斯對崔可夫說：「我想告訴您一件絕對機密的事，您是我通報此事的第一位外國人，希特勒已於昨天自殺了」。

　　克雷布斯接著要求蘇軍先停戰，然後等到德國組成新的政府之後再進行談判。而崔可夫得知這一消息之後，立即用電話將情況向朱可夫做了報告。十幾分鐘後，史達林從莫斯科發來了最高指令：「德軍只能無條件投降，不進

行任何談判，不和克雷布斯談，也不和任何其他法西斯分子談。」

9 點 45 分，朱可夫根據史達林的指示精神，代表蘇軍向柏林德軍發出了最後通牒：德軍必須澈底投降，否則蘇軍將在 10 點 40 分對德軍實施最後的強攻。崔可夫讓克雷布斯把這份通牒帶回給戈培爾等人，戈培爾見到通牒後，知道現在說什麼都沒有用了，已經沒有任何討價還價的餘地，於是就在傍晚與自己的妻子以及六個孩子自殺了。

5 月 2 日 7 點，德軍柏林城防司令官魏德林上將前往崔可夫的前線指揮所，簽署了投降令。到了中午時分，柏林守軍全部投降。至此，蘇德戰爭最後一次決戰 —— 柏林會戰結束。

在柏林會戰中，蘇軍共俘虜了德軍 38 萬人，繳獲坦克 1,500 餘輛，飛機 4,500 架，當然蘇軍也為此付出了 30 萬人犧牲的代價。

◇知識拓展◇

德國國會大廈

德國國會大廈位於柏林市中心，建於西元 1884 年，由德國建築師保羅・瓦洛特設計，採用古典主義風格，最初為德意志帝國的議會。

1918 年 11 月 9 日，議員菲利普・謝德曼透過國會大廈的窗口宣告共和國的成立。1933 年 2 月 27 日大廈失火，部分建築被毀，失火原因不明。「國會縱火案」成為納粹統治者迫害政界反對派人士的藉口。

德國國會大廈展現了古典式、哥德式、文藝復興式和巴洛克式的多種建築風格，是德國統一的象徵。由於當時威廉二世的反對，建築上的銘文「為了德意志人民」是在一次世界大戰期間才被鑲上的。

德國國會大廈現在不僅是聯邦議會的所在地，其屋頂的穹形圓頂也是最

受歡迎的遊覽聖地。

第一次以阿戰爭〈1948〉——
以阿衝突的導火線

◇作戰實力◇

第一次以阿戰爭以阿軍事力量對比

	參戰人數	飛機	火炮	坦克裝甲車	艦船
阿拉伯國家	埃及出兵 7,000 人，外約旦「阿拉伯軍團」7,500 人，敘利亞 5,000 人，伊拉克 1 萬人，黎巴嫩 2,000 人，「阿拉伯解放軍」和「阿拉伯拯救軍」1 萬餘人，合計 4 萬多人	131 架	140 門	240 輛	12 艘
以色列	3.4 萬人	33 架	幾乎沒有	幾乎沒有	3 艘

◇戰場對決◇

巴勒斯坦「非正式戰爭」拉開序幕

中東地區是歐洲人以歐洲為中心而提出的一個地理概念，它包括埃及、敘利亞、黎巴嫩、伊拉克、約旦、科威特、巴勒斯坦和以色列等 18 個國家和地區，面積 740 萬平方公里，它銜接歐、亞、非三大洲，並擁有豐富的石油資源，戰略位置十分重要。

1947 年 11 月 30 日清晨，在耶路撒冷和一些阿猶混合居住的城鎮，爆發了猶太人和阿拉伯人之間一場非常激烈的武裝衝突，這在當時被稱為是巴勒

斯坦「非正式戰爭」的開始。在此之後的 1948 年 1 月～ 3 月，雙方之間還不斷發生衝突。

1948 年 5 月 14 日，英國結束了對巴勒斯坦的委任統治，而且同一天，猶太復國主義者就宣布建立以色列國。15 日，阿拉伯聯盟國家埃及、外約旦、伊拉克、敘利亞和黎巴嫩的軍隊相繼進入巴勒斯坦，巴勒斯坦戰爭正式開始。

阿拉伯國家軍隊在發起進攻之後，埃及軍隊開始從阿里什分兩路進入巴勒斯坦。北路以第一旅為主力共 5,000 人，沿海岸公路通過加薩向特拉維夫進發。由於以色列軍隊在特拉維夫南面進行著全力抵抗，夜間襲擊了埃及軍隊先頭部隊的後方，所以讓埃軍的軍隊慌亂不堪。

到了 5 月 17 日，這一天是開戰的第三天，美國代表向聯合國安理會遞交了一份議案，建議安理會命令戰爭雙方在 36 小時內停火。而當時的蘇聯代表也要求安理會必須進行立即表決，甚至還指責阿拉伯國家發動了進攻，要求它們必須停止行動。

其實，在剛開始的時候，英國是反對美國的建議的，並且還聲稱繼續給予阿拉伯國家援助。可是沒過多久，英國同意了美國的建議，撤走了英國在阿拉伯軍團的軍官，停止向埃及、伊拉克、外約旦提供武器。6 月 11 日，以阿雙方同意停火已達四週。

以色列再一次向阿拉伯發動進攻

到了 1948 年 7 月 9 日，經過充分準備的以色列軍隊又再一次向阿拉伯軍隊發動攻擊，這次進攻被稱為「十天進攻」，到 7 月 18 日才結束。

當時由於阿拉伯國家內部產生了分歧，並且沒有統一的軍事計畫，結果在一開始就處於被動地位。相反，這一次以軍作了充分的準備，他們在全境

確立了統一的軍事領導和指揮機構。

這一次戰爭，以軍把進攻方向重點放在了中部戰線上。以軍集中了 4 個旅的兵力，向特拉維夫東南 12 英里的盧德和拉馬拉城實施了突擊。當時這兩座城是由「阿拉伯軍團」占領，對以色列的威脅非常大。當以色列兩個旅向兩地發動進攻的時候，「阿拉伯軍團」的司令格拉布找了一個藉口，由於後勤供應困難，需要縮短戰線，於是決定放棄兩城，這樣就讓以色列軍隊於 7 月 11、12 日占領了兩地，從而打開了通往耶路撒冷的走廊。

在北線，以色列部隊開始敘利亞軍隊發動進攻，企圖奪回米什瑪律哈耶丁的居民點，從而把敘利亞軍隊趕回到約旦河的東岸，但是最後被敘軍擊退了。

於是，以軍再一次改變進攻方向，主力開始西移，向拿撒勒地區和加利利北部的黎巴嫩軍和阿拉伯解放軍發動進攻。

在 7 月 15 日～ 16 日，以軍的 2 個營利用夜間進行了突襲，占領了沙德阿姆爾和拿撒勒，並且進而奪取了整個加利利地區。

經過十天的戰鬥，以色列奪取了阿拉伯大約 1,000 平方公里的土地，大大改善了自己的戰略地位。在第二次停火期間，以色列開始大力推行移民計畫，不斷擴充軍隊和武器裝備。到了 10 月初，以軍的總數已經達到 9 萬多人，100 多架飛機和 16 艘艦船。可是，阿拉伯國家在第二次停火期間內部矛盾進一步激化，戰局每況愈下，已經到了不可扭轉的地步。

以色列借助羅馬時代的古道進行奇襲

這場戰役一直從 1948 年 12 月 22 日到 1949 年 1 月 7 日進行。由伊加爾．阿隆上校指揮。以軍首先以戈蘭旅對加薩走廊實行了牽制性的進攻，阿隆師的主力從貝爾謝巴方向進攻奧賈，企圖占領阿里什，以色列空軍當時還轟炸

了加薩和阿里什的機場，從而掌握了制空權。而戈蘭旅則在寬大的正面沿海岸公路不斷挺進，22 日奪取了加薩南側 8 公里的制高點。12 月 23 日，阿隆師的主力從貝爾謝巴開始向阿里什方向進攻。當時的進攻路線選擇了一條由貝爾謝巴至奧賈的、已經被殺湮沒的羅馬時代的古道。

這樣的選擇可以說完全出乎埃及人意料。讓埃軍更沒有想到的是，以色列已經祕密將這條古道修成了通行輕型裝甲車輛的道路。

由於當時埃軍判斷以軍會沿著沿海岸公路進攻，所以對奧賈方向幾乎沒有戒備，使得阿隆主力部隊奇襲獲得成功，在 12 月 27 日占領了奧賈，並立即向沿海公路派出一支機動部隊，28 日又攻占了阿布奧格拉，轉而開始進攻阿里什。

而正當以軍準備給予埃軍決定性的打擊時，英國要求以色列從埃及領土上撤軍，1949 年 1 月 7 日，埃及要求停戰，而以色列同意了埃及的要求，雙方停止了戰鬥。

各方停戰協議的簽訂

就這樣，當時埃及在軍事失利的情況下，於 1949 年 2 月 24 日在希臘的羅德島簽訂停戰協定。

外約旦和以色列的停戰談判也於 3 月 2 日在羅德島開始，4 月 3 日，以色列、外約旦正式簽訂停戰協定。

透過這一協定，以色列控制了越過迦密山脈到埃斯雷德郎和加利利山谷的戰略公路，也一舉解除了阿拉伯人對特拉維夫和哈德臘東部沿海平原的軍事威脅。雖然伊拉克當時拒絕和以色列談判，但是表示遵守以約的協定。在以約停戰之後，伊拉克軍隊也撤出了巴勒斯坦。

以色列和黎巴嫩的停戰協定於 1949 年 3 月 23 日簽訂，協定規定以原來

巴勒斯坦和黎巴嫩之間的邊界線作為分界線，雙方各建立非軍事區，以色列軍隊撤出了黎巴嫩村莊。

而以色列和敘利亞之間的停戰談判從 1949 年 4 月 12 日在邊界正式舉行，7 月 20 日，雙方正式簽訂了停戰協定。

巴勒斯坦戰爭從阿拉伯出兵開始到以色列、敘利亞簽訂停戰協定為止，總共經歷了 15 個月，戰爭最後以阿拉伯國家失敗、以色列獲勝而告終。

據統計，在這次戰爭中，阿拉伯國家的軍隊死亡多達 1.5 萬人，以色列軍隊死亡約 6,000 人。除加薩和約旦河西岸的部分地區之外，以色列占領了巴勒斯坦 4/5 的土地，總共有 2 萬多平方公里，比聯合國分治決議規定的面積多了 6,700 多平方公里，這場戰爭也更加激化了阿拉伯國家和以色列以及美、英之間的矛盾，從此，中東戰亂不斷發生。

第一次以阿戰爭之後，以阿之間的矛盾和對立，成為長期動盪不安的根源。而「分治」的政策和大國的插手干預是爆發以阿戰爭的直接根源。

經過這場戰爭，以色列根據自己地小人寡，和作戰對象眾多等實際情況，使其軍隊形成一套獨具特色的國防體制、動員和預備役制度與軍官教育制度，確立了在短期內速決取勝的作戰理論、作戰原則與方法。

這場戰爭也使美國在更大程度上滲透以色列，為其擴張主義政策服務。僅在戰爭結束後的 3 年中，以色列得到美國的貸款、贈款及投資就達 4 億多美元。美國得以在以色列境內建立機場、基地、軍港，派遣軍事顧問和教官。

阿拉伯聯盟軍隊在第一次以阿戰爭中雖然失敗，但它們為爭取阿拉伯民族的獨立和解放的鬥爭，並未中止。

中東地區以阿之間的矛盾衝突和軍事鬥爭，以及世界大國對這一地區的

劇烈爭奪，不會中斷。在中東地區這一戰爭舞臺上，武裝衝突和局部戰爭將愈演愈烈。

◇知識拓展◇

耶路撒冷

1948 年為國際共管城市，以色列剛剛建國的時候，政府機構多設於特拉維夫。但是從 1950 年以來開始耶路撒冷成為以色列的首都，之後該國的總統府、大部分政府機關、最高法院和國會均位於該市。

1980 年，以色列國會立法確定耶路撒冷是該國「永遠的和不可分割的首都」。但是，大多數國家和聯合國都不承認耶路撒冷是以色列的首都，認為它的最終地位還沒有確定，有待以色列和巴勒斯坦雙方談判決定。

自 1975 年起，耶路撒冷超過了特拉維夫，成為了以色列最大的城市。2006 年，耶路撒冷的面積為 126 平方公里，擁有人口 724,000 人，這兩項指標均居以色列和巴勒斯坦各城市之首，而且無論是猶太人數量還是非猶太人的數量，都居以色列各城市的首位。

韓戰〈1950〉——
麥克阿瑟說：「珍妮，我們終於快回家了。」

◇作戰實力◇

韓戰雙方投入的主要兵力對比表

		兵力人數	總計人數
聯合國軍	南韓	590,911	1,177,702
	美國	480,000	
	英國	63,000	
	加拿大	26,791	
	澳洲	17,000	
朝鮮聯軍	北韓	260,000	1,066,000
	中國	780,000	
	蘇聯	26,000	

◇作戰實力◇

韓戰爆發，中國志願軍赴北韓作戰

1950 年 6 月 25 日韓戰爆發。27 日，美國總統杜魯門宣布出兵朝鮮半島和臺灣。9 月 15 日，美國召集了 15 個國家的軍隊，打著「聯合國軍」的旗號在朝鮮仁川登陸。

而中國方面，10 月 8 日，毛澤東發布命令：「為了援助朝鮮人民解放戰爭，反對美帝國主義及其走狗們的進攻，藉以保衛朝鮮人民，中國人民及東方各國人民的利益，中國人民志願軍即向朝鮮境內出動，協同朝鮮同志向侵略者作戰並爭取光榮的勝利。」主張「抗美援朝」並組成了中國人民志願軍。中國人民志願軍在 10 月 19 日跨過鴨綠江，前往朝鮮半島，志願軍由司令員

兼政委彭德懷率領於 10 月 25 日抵達戰事前線，與北韓人民並肩作戰。

中國人民志願軍的 3 個突擊集團

經過人民志願軍和北韓軍隊的聯合作戰，讓美軍受到重創。1951 年 4 月 11 日，美國總統杜魯門下令撤銷麥克阿瑟的「聯合國軍總司令」職務，由李奇威接任，並且由詹姆斯‧范佛里特接任美軍第 8 集團軍司令。

在 1951 年 4 月 22 日的傍晚，中國人民志願軍的 3 個突擊集團再一次同時朝美軍發起進攻。

左翼突擊集團，即由 9 兵團的司令員宋時輪指揮的 5 個軍，在鐵原以南的古南山至華川地段上迅速突破了美軍的 24 師和南朝鮮軍的 6 師的防禦陣地。

而 40 軍在華川以西迅速向縱深攻擊前進，到了 24 日早晨，已經突入縱深 30 公里，順利完成了戰役割裂任務。

39 軍在華川地區突破後，又迅速前往華川西南的原川里、芝村里地區，將美軍陸戰一師分割於北漢江以東，讓它們無法西援。

20、26、27 軍也在 25 日之前出抱川以北、以東地區，殲滅了美軍和南朝鮮軍隊各一部。

右翼突擊集團是由 19 兵團司令員楊得志指揮的 3 個軍及人民軍 1 軍團，該集團於 22 日在開城至漣川西南地區發起攻擊後，乾淨俐落地掃清了臨津江西岸的南韓軍，當夜就開始強渡臨津江。

63 軍 187 師在突破英軍 29 旅的防線後，迅速向縱深前進，於 23 日凌晨就攻占了紺岳山，殲滅英軍 1 個營和 1 個連。

中央突擊集團由 3 兵團副司令員王近山代理指揮的 3 個軍，於 4 月 22 日晚在漣川西北三串里以東 15 公里的地段上從正面發起進攻。

當夜，15 軍就一舉攻占了漣川西北的三串里，44 師的 132 團於 23 日將菲律賓營分割包圍，迅速殲滅了 1 個連。60 軍的 181 師在漣川以東突破土耳其旅防線後，立即插入其縱深 15 公里，攻占了漢灘川北岸，切斷了東側美軍 25 師與漣川地區美軍 3 師以及土耳其旅的聯絡。

到了 4 月 26 日，美軍和南韓軍在汶山以南、議政府以北的加平、春川一線繼續進行頑強的抵抗。而志願軍的 3 個突擊集團連續進攻，迫使其向漢城地區（今首爾）撤退。63 軍在議政府以北的道樂山包圍了美軍 3 師的 1 個團，可是由於沒有澈底斷其退路，使得這個團在大量飛機、坦克的掩護下南逃。

4 月 28 日，美軍和南朝鮮軍撤至漢城及其以東的北漢江、昭陽江南岸繼續進行防守，而且還調來了美騎 1 師加強漢城防禦，在漢城周圍構成了非常嚴密的火力控制地帶。

29 日，右翼集團逼近漢城，人民軍一部前出漢城近郊；中央集團開始進入漢城東北的周邊地區，而左翼集團則進入到漢城以東的金谷里至加平、春川以北地區。

這個時候，志願軍因為在漢江以北殲敵的機會已失，西線突擊也到一段落，逼近漢城的 8 個軍和人民軍 1 軍團北撤到議政府以北至三八線以北的平康地區進行休整。

志願軍進行全線反攻

調整後，以 9 兵團與人民軍 2、3、5 軍團在東線實施反攻，殲擊縣里地區的南韓軍隊。到了 5 月 16 日，全線發起攻擊。

5 月 17 日早上，27 軍的 81 師和 20 軍的 60 師在麟蹄西南地區突入敵人縱深 20 多公里。當天，20 軍和人民軍 5 軍團就將縣里地區的南韓軍 3、9 師的後路切斷。之後又經過兩天的激戰，殲滅其大部，並繳獲全部重武器，其

殘部潰散於叢林中。

同一天，27軍在縣里西南的上南里地區將南韓軍5、7師擊潰，殲滅了他們的5個營，繳獲大量裝備。而擔負東線左翼戰役迂迴任務的人民軍2軍團，在襄陽西北雪嶽山地區前進受阻。擔負東線右翼迂迴任務的志願軍12軍，在春川以東的鷹峰地區突破敵人的防禦陣地之後，遭到美軍第2師的抵抗。因此，12軍和人民軍2軍團沒能及時完成進至縣里以南的戰役迂迴任務。

除此之外，志願軍第3兵團第15軍在春川以東突破美軍防禦陣地後，在春川東南的德田峴、大水洞地區與美軍的第2師進行了多日的激戰，殲滅該師38團2個營的大部兵力，因為美軍的頑強頑抗，前進受到極大的障礙，也沒有完成戰役的割裂任務。

停止進攻，向北轉移

到了5月20日，由於經歷連續作戰，志願軍所帶的糧草彈藥已經耗盡，而且雨季即將到來，背後的幾條江河對作戰和運輸補給顯得更為不利，所以決定停止進攻，最後於23日開始向北轉移，同時把這一計畫請示了中央軍委。

之後，毛澤東電覆彭德懷，同意收兵休整，並指示：至於打仗的地點，只要敵人肯進，越往北面越好，不要超過平壤和元山線即可。

就這樣，當中國人民志願軍和朝鮮人民軍開始北撤之後，美軍即以4個軍共13個師的兵力，用摩托化步兵、炮兵、坦克兵組成了「特遣隊」沿公路進行追擊。志願軍對敵軍的快速追擊行動沒有做出充分的準備，在轉移的時候也沒能進行有效的交替掩護，再加上當時傷病員很多，嚴重影響部隊的行動，有的部隊在轉移一開始就出現了極其被動的局面。例如當時60軍的180

師在 24 日接到兵團命令後，在春川西南掩護傷患向北轉移途中陷入敵軍包圍。當時由於指揮不當，沒有集中全力進行突圍，最後遭受了嚴重的損失。

5 月 27 日，美軍和南韓軍在志願軍北撤以後，就占領了汶山和臨津江以東的三八線地區，並計劃繼續向北進攻。而志願軍以 64、63、15、20 軍及人民軍各部於臨津江北岸至華川、高城一線地區籌備防禦，並以 47、42、20、27 軍在縱深設防。

之後，志願軍在給敵軍造成了大量殺傷和消耗後主動撤出鐵原、金化。至 6 月 10 日，將敵軍阻滯在三八線以南的汶山、高浪浦里一線和三八線以北的鐵原、金化、楊口、高城以北的明波里一線地區，被迫讓敵人停止前進，不得不轉入防禦。

這次戰役歷時 50 天，而志願軍以新入朝鮮半島的兩個兵團為主，共投入了 11 個軍，人民軍投入了 4 個軍團，經過連續奮戰殲滅敵軍 8.2 萬餘人，繳獲了大量的物資裝備，取得了重大勝利，而且新參戰兵團也取得了對美軍作戰的經驗。

志願軍在東西兩線的反攻進至深遠縱深後，主動停止進攻，向北轉移，也為此保持了戰役作戰的主動權。

但是，由於這一次戰役東西兩線的反攻沒有及時達成戰役的迂迴，加之志願軍沒有掌握制空權，所以主要是靠夜間徒步行軍作戰，最為不利的是糧彈供應困難，戰役作戰時間無法持久，而且美軍又極力避免夜間作戰，主動後撤，所以，志願軍沒有殲滅敵軍的重兵集團。

自 1950 年 10 月 25 日起至 1951 年 6 月 10 日，中國人民志願軍和朝鮮人民軍並肩作戰，實施反攻戰略，經過 5 次戰役，共殲滅敵軍 23 萬多人，對美軍和南韓軍造成了沉重的打擊。

◇知識拓展◇

三八線

三八線是位於朝鮮半島上北緯 38 度附近的一條軍事分界線，長度 248 公里，寬度大約 4 公里。第二次世界大戰後期，盟國協議以朝鮮半島上的北緯 38 度線作為蘇、美兩國對日軍事行動和受降範圍的暫時分界線，北部為蘇軍的受降區，而南部為美軍的受降區。後來，在日本投降以後，北緯 38 度線就成了南北韓的臨時分界線，因此又稱為「三八線」。

三八線的北部為朝鮮民主主義人民共和國，南部為大韓民國。雙方一度都有重兵進行把守，而且經常互相播放廣播。後來由於局勢緩和，雙方的廣播對峙一度停止。然而到了 2020 年，脫北者團體向北韓散布反朝傳單，引起北韓當局不悅，關閉位於開城工業地區的南北共同聯絡事務所並實施爆破，南北韓關係再次降至冰點。

蘇聯入侵阿富汗〈1979〉——
一場有預謀的裡應外合的軍事行動

◇作戰實力◇

蘇聯入侵阿富汗軍事力量

戰爭階段	蘇聯方面	阿政府方面
第一階段	7 個師，8 萬人	1 個軍團，13 個師，10 萬人
第二階段	12 萬人	—
第三階段	11.5 萬人	—

◇戰場對決◇

政變！政變！政變！

從 1960 年代開始，蘇聯就開始進行所謂的全球擴張計畫，這種擴張特別是在布里茲涅夫執政時期已經達到了史無前例的地步。在 1979 年 12 月 27 日，蘇聯直接出兵阿富汗，一下子把擴張計畫推向了頂峰。

1977 年 4 月，在達烏德汗訪蘇期間，蘇共中央總書記布里茲涅夫親自出馬，規勸他改變對待蘇聯的態度。可是，出乎布里茲涅夫的意料的是，達烏德汗的回答居然是：「我是一個獨立國家的總統。」

4 月 27 日，達烏德汗剛從莫斯科回來不久，蘇聯便策劃和召集了一批阿富汗青年軍官發動政變，推翻了達烏德汗政權，之後在蘇聯的支持下，阿富汗建立了以人民民主黨總書記塔拉基任革命委員會主席的親蘇政權 —— 阿富汗民主共和國。

當時，塔拉基上臺之後，極力奉行親蘇政策，目的就是為了贏得莫斯科方面的歡心。但是，塔拉基政權的內部依然存在著非常嚴重的派系鬥爭。他所屬的「人民派」與以總理阿明為首的「旗幟派」之間的矛盾日趨激化，最後讓阿富汗在 5 年之內發生第三場政變。

在 1979 年 9 月 14 日，蘇聯駐阿富汗大使普扎諾夫設計幫助塔拉基誘捕阿明未果，塔拉基反被阿明借機推翻，阿明自任革命委員會主席。曾經顯赫一時的塔拉基最後竟然被阿明的手下用一隻小枕頭給悶死了，這就是所謂的「九月事件」。

「我決定，幹掉他！」

「九月事件」更加加深了阿明對蘇聯的仇恨，在阿明上臺以後，公開指責

蘇聯插手幫助塔拉基策劃陰謀，迫使蘇聯撤換了駐阿大使普扎諾夫。他還要求蘇聯撤回在阿富汗的 3,000 名軍事顧問、教官和技術人員，並且還拒絕了蘇聯的邀請。而蘇聯面對阿富汗的態度，擔心自己會失去阿富汗這塊苦心經營的陣地，所以最後決定出兵干預。

1979 年 10 月下旬的一個夜晚，布里茲涅夫召開了蘇共中央政治局祕密會議，專門討論如何處置阿明的問題。據後來參會者的回憶，當時布里茲涅夫清了清嗓子，低沉而威嚴地說：「我決定，幹掉他！」

而入侵阿富汗的行動方案則是在蘇聯國防部長烏斯季諾夫的親自領導下，由國防部、總參謀部、中亞軍區等共同制定的。

12 月 12 日，蘇軍在蘇阿邊境地區建立了相當於軍一級的指揮機構，由國防部副部長索科洛夫元帥擔任總指揮。而且為了能夠保證入侵行動的突然性，蘇軍採用了就地動員、就地擴編、迅速展開、快速推進的辦法。

除了利用空降部隊之外，蘇軍還主要使用了中亞軍區和土庫曼軍區靠近阿富汗邊境的 6 個師。特別是在 12 月 14 ～ 15 日兩天，蘇軍以遠端空運演習作為「幌子」，將白俄羅斯軍區第 103 空降師和南高加索軍區第 104 空降師調到了中亞地區，同時，將中亞軍區的第 105 空降師祕密推進至蘇阿邊境的帖爾米茲。

與此同時，一支蘇聯特種部隊以「協助剿匪」的名義，在貝洛諾夫上校的率領下祕密進進入到了阿富汗首都喀布爾郊外的巴格拉姆空軍基地。

可是，當時自以為萬無一失的蘇聯方面還是露出了馬腳。在喀布爾的美國特務迅速將相關情報發回華盛頓。美中央情報局的情報專家從蘇聯所攜帶的特種裝備最後判斷：蘇軍總參謀部的特種部隊到了喀布爾，蘇聯人要對阿富汗有大的動作。

「這是最後通牒嗎？」

1979 年 12 月 27 日，蘇聯的行動開始了。當晚，蘇聯駐阿富汗大使布薩諾夫突然打了電話給阿明，進行最後的通牒。

但是作為一國元首的阿明怎麼甘心聽命於蘇聯方面，他還是把希望寄託在自己的部隊上。他想打電話給忠於自己的人員，要求他們把自己解救出去。可是，阿明不知道，早在當天下午，一批蘇聯專家就以檢修通訊設備故障為名，闖入了喀布爾電話局，已經截斷了總統府達魯爾·阿曼宮與外界的一切聯絡，只留下一條通往蘇聯大使館的專線。

晚上 10 點 20 分，蘇共中央候補委員、蘇聯內務部第一副部長帕普京中將氣勢洶洶地來到達魯爾·阿曼宮三樓。他決定與阿明進行最後的談判。

隨著時間一分一秒過去，談判的氣氛變得越來越緊張，雙方爭執的聲音都越來越大。最後，阿明把手一揮，大喊一聲：「送客！」滿腔怒火的帕普京中將和 4 名保鏢剛走出大門，就聽見槍聲四起，帕普京應聲倒地。槍聲過後，達魯爾·阿曼宮的院子裡留下了 5 具蘇聯軍官的屍體。

當時阿明本想抓帕普京作為人質，可是這個時候已經失去了最後討價還價的機會。

晚上 11 點 40 分，喀布爾郊區的巴格拉姆空軍基地內馬達轟鳴，大批蘇聯傘兵和內務部特遣部隊已經開始向喀布爾市內開去，行動開始了。

蘇聯的突擊隊只用了 12 分鐘就解決了阿明總統府周邊的所有防禦干擾，並將阿明及其全家趕到他的辦公室裡。這個時候，貝洛諾夫從公事包中取出一份文件，交給阿明。這是蘇聯事先草擬的「阿富汗邀請蘇聯出兵」的「邀請信」。阿明看了文件一眼，自己知道已經沒有回天之力了，他憤怒地將信撕個粉碎。之後，又聽到一陣槍聲，阿明的妻子倒在血泊中、兒子和阿明本人

則在重傷中死去。

12月28日凌晨，早就集結在蘇阿邊境的大批蘇軍分東西兩個突擊集群，開始大規模入侵阿富汗。當天，阿富汗人民民主黨召開中央政治局會議，選舉卡爾邁勒為總書記，正式建立蘇聯扶植之下的傀儡政權。

而且根據前一天蘇共中央政治局會議的決議，蘇聯俄塔社發表聲明，宣布「應阿富汗領導集體的請求，蘇聯政府派出有限的部隊進駐阿富汗」。在這之後的一個星期裡，阿富汗全境淪陷。

嚴重的後果

入侵阿富汗的行為，讓蘇聯在國內外陷入完全孤立的地位。在整個1980年代，阿富汗問題是聯合國安理會召開會議討論最多的問題之一。為抗議蘇軍入侵阿富汗，中國、美國、聯邦德國等國家聯合抵制了1980年的莫斯科奧運會。除此之外，在蘇聯國內，反對入侵的聲音更是此起彼伏。在阿富汗的蘇聯士兵，已經沒有了當初戰鬥的士氣，再加上阿富汗人民風起雲湧的反抗運動，更讓蘇軍陷入了一個兩難的境地。

為此，在1989年2月15日，最後一批蘇聯軍隊撤出了阿富汗。當最後一輛坦克駛上蘇阿邊境的阿富汗 - 烏茲別克友誼橋時，駐阿蘇軍司令格羅莫夫立即跳下戰車，同前來迎接他的兒子一起徒步走過蘇阿邊界線。

當時他面對蜂擁而上的記者，格羅莫夫只說了兩句話：「我是最後一名撤出阿富汗國土的蘇軍人員，在我的身後，再也找不到一名蘇聯士兵了。」

◇知識拓展◇

阿明

哈菲佐拉·阿明（1929.8.1～1979.12.27），早年在美國哥倫比亞大學

留學，獲得碩士學位。回國之後在教育部任職。

　　1967 年阿富汗人民民主黨分裂，他領導的人民派獨樹一幟，1969 年當選為國會議員。1978 年任阿富汗民主共和國政府副總理兼外交部長。1979 年 3 月任政府總理，7 月起開始兼任國防部長。

　　9 月 16 日發動軍事政變，殺死塔拉基，任人民民主黨總書記、革命委員會主席兼保衛祖國最高委員會主席。1979 年 12 月 27 日，蘇聯出兵阿富汗，最後哈菲佐拉‧阿明被處決。

波斯灣戰爭〈1990〉——
讓發動者深陷其中的「沙漠風暴」

◇作戰實力◇

波斯灣戰爭伊拉克和多國部隊傷亡情況對比

	伊拉克部隊	多國部隊
師團	40 個師團	-
坦克	3,700 多輛	-
裝甲車	1,800 多輛	-
火炮	2,140 多門	-
飛機	150 架	49 架（美軍 38 架）
艦船	57 艘	2 艘（兩棲攻艦、巡洋艦）
俘虜	17.5 萬人	41 人
死亡軍人	10 到 15 萬人	600 餘人（美軍死亡 79 人，傷亡 213 人，失蹤 44 人）

◇戰場對決◇

伊拉克為什麼要攻打科威特

在 1990 年 8 月 2 日的凌晨，伊拉克突然出動了 10 餘萬兵力，在飛機、坦克和艦艇的掩護下，以迅雷不及掩耳之勢進攻鄰國科威特，當時科威特僅有的 2 萬軍隊還沒有來得及反抗，就被擊潰了。

8 月 3 日上午，伊拉克軍隊便攻入了科威特的王宮，隨後就占領了科威特全境。當時科威特的元首和王室成員被迫流亡到沙烏地阿拉伯。

8 月 28 日，伊拉克宣布科威特北部地方歸伊拉克的巴斯拉省，而其他的地區劃為伊拉克的第 19 個省。

很多人都不能理解伊拉克的這一重大舉措，其實這一舉動是有著深刻的歷史淵源的。科威特是波斯灣地區一個盛產石油的阿拉伯國家。在兩伊戰爭中，它曾經全力支持伊拉克，但是即使它這樣做，也沒有減化它們之間的矛盾。

伊拉克一直宣稱科威特是其領土的一部分，雖然在 1963 年承認了科威特的獨立自主，但是一直以來都沒有放棄兼併它的企圖。1973 年，伊拉克提出讓科威特割讓或租借布比延島和沃爾拜島，從而保證伊拉克能有一個通向波斯灣的出海港口，但是遭到科威特的拒絕。

還有另一個原因，伊拉克企圖獲得科威特的石油資源與美元儲備。由於伊拉克在兩伊戰爭中損失了 2,000 億美元，外債更是高達 800 億美元，當然裡面就有欠科威特的債款 200 億美元。伊拉克想把這筆債款一筆勾銷，但是科威特不同意。

科威特的國土面積不大，但是石油儲備非常大，占全世界石油儲量的 20%，真的可以說是「富得流油」。而當時的伊拉克是內憂外困，見到這些怎

能不眼紅？後來終於演化成了這場戰爭。

海珊一意孤行，終導禍端

科伊戰爭在國際社會上引起了強烈的震撼；聯合國安理會也迅速做出反應，要求伊拉克立即無條件撤出科威特。但是正值春風得意的海珊怎麼可能聽聯合國的，繼續推行他的兼併政策。

11 月 29 日，安理會再次透過決議，授權和科威特合作的會員國可以使用一切必要手段來恢復該地區的和平與安全，結果這就為以美國為首的多國部隊對伊拉克進行軍事打擊打開了綠燈。

而美國也為了自己在波斯灣地區的石油利益和戰略地位，更為了維護西方的經濟命脈，於是積極推行打擊策略，很快就制定了「沙漠盾牌」計畫，向波斯灣地區派出大量的兵力。此時，伊拉克依舊無視國際社會的和平努力與聯合國的最後通牒，依然我行我素，更為布希總統宣布實施「沙漠風暴」行動找到了藉口。

「沙漠風暴」大規模空襲

1991 年 1 月 17 日，巴格達時間凌晨 2 點 40 分左右，以美國為首的駐波斯灣多國部隊向伊拉克發動了「沙漠風暴」大規模空襲。

從美國的各種軍艦上，從沙烏地阿拉伯的陸地上，數以百計的飛機和巡艦導彈飛向北方和西方，開始襲擊伊、科境內的轟炸目標，伊拉克也用導彈進行還擊。

在戰爭開始的頭三天，美國進行的是空襲戰，4,700 多架各式飛機和約 200 枚戰斧式巡航導彈對伊、科境內的防空和雷達系統、軍用和民用機場、海珊總統住所、軍事指揮中心、政府首腦機關等各種軍事戰略目標進行了輪

番轟炸。

之後就轉向戰術轟炸，重點是空襲伊拉克在科戰區和共和國警衛師等地面部隊、伊前線部隊的後勤補給線等目標，目的是削弱伊拉克在科戰區的軍事實力，為地面戰鬥掃平道路。

伊拉克針對美國及多國部隊的狂轟濫炸，除了加強防空力量之外，還不時有飛機升空進行作戰，同時連續向以色列和沙烏地阿拉伯發射「飛毛腿」導彈以反擊對方空襲。但是當時由於受到美國方面的「愛國者」反導彈的攔截，再加上其導彈本來就命中精度不高，伊拉克的反擊力非常有限。在波斯灣戰爭前期的整個空襲作戰階段，伊拉克一直未改變自己所處的被動挨打局面。

地面雄師開始覺醒

1991 年 2 月 24 日，人們關注的波斯灣地面戰終於開始了。

美國海軍陸戰隊的兩個師和阿拉伯聯合部隊建立的東路軍率先在科沙邊界兵分多路突破伊軍防線，直指科威特市，當天就對科威特形成合圍之勢；與此同時，美、英、法三國的 10 個師組成的西路軍，在沙伊邊界多方向突破伊軍防線，由南往北向伊南部縱深挺進，美軍的 18 軍第 101 空中突擊師還在沙伊邊界以北 80 多公里處實施空降行動，為多國部隊深入伊境內作戰建立了第一個後勤補給基地。

25、26 日，多國部隊東路軍在科境內切割了伊拉克的部隊，而且還挫敗了伊裝甲機械化部隊在科市周邊地區的反擊行動，一舉殲滅了伊軍大約 10 個師的兵力；西路軍的法國第 6 輕裝師在打敗伊一個步兵師後就抵達伊納西里亞至薩馬瓦一線的幼發拉底河流域，美第 18 空降軍的三個師繼續向伊納西里亞地區開進，美第 7 軍的五個師和英第 1 裝甲師則由伊南部及科伊西部

的邊境地區向東進擊伊駐科地區的部隊，西部軍僅僅在不到三天的作戰行動中就殲滅伊軍 11 個師，並完成對科戰區伊軍迂迴包圍的鉗形攻勢。

雖然在此期間，海珊曾經親臨伊南部前線進行反包圍作戰行動，但是未能獲得成功，後來在 26 日下令，駐科伊軍全部撤出科威特，收縮戰線，準備在伊南部的巴斯拉地區進行抵抗。

2 月 27 日起，美英的裝甲機械化部隊對伊軍的五個共和國警衛師等一系列精銳部隊實施圍殲作戰，美陸戰隊和阿拉伯聯合部隊圍殲科市周邊的伊軍，並由科軍進入科市，宣告科威特獲得解放，也就是在這一天，伊拉克宣布無條件接受安理會對於伊拉克的決議。

28 日零時，多國部隊停止一切進攻，戰爭基本結束。

◇知識拓展◇

「沙漠風暴行動」計畫的「三步走」

按照「沙漠風暴行動」的計畫，美國為主的多國部隊第一步是利用海空的優勢，對伊拉克的指揮、通訊、聯絡、空防、機場等一系列重要的軍事戰略目標進行狂轟猛炸，目的在於削弱，甚至是摧毀伊拉克戰爭的潛力；第二步是透過空襲，大規模攻擊伊拉克的地面作戰部隊，最大限度地打擊和削弱其戰鬥力；第三步是投入地面部隊和兩棲登陸部隊，發起地面進攻，進行最後的圍殲。

海戰篇

對馬海戰 <1905> ——
俄國第二、三太平洋艦隊的終結

◇作戰實力◇

日俄對馬海戰雙方軍事力量對比

	驅逐艦	魚雷艇	其他艦船
俄國	10 艘	-	輔助船 8 艘、拖船 4 艘
日本	21 艘	41 艘	-

◇戰場對決◇

第二太平洋艦隊的成立

19 世紀時，俄國曾經因為英國的壓力而在倫敦條約中允諾：俄國黑海艦隊不得通過達達尼爾海峽與伊斯坦堡海峽進入地中海。換句話說，俄國黑海艦隊完全成為了一支防衛艦隊，除了在內陸深處的黑海巡邏之外，已經毫無用武之地。所以，俄國唯一可以用的海軍部隊，只有波羅的海艦隊。

最後，沙皇決定派遣歐俄艦隊援助之後，將原太平洋艦隊改稱為第一太平洋艦隊，而賦予東援艦隊為第二太平洋艦隊，並命羅茲德文斯基中將為第二太平洋艦隊的司令官。

就這樣，經過了 4 個多月的準備，羅茲德文斯基終於編組成了一支像樣的艦隊。1904 年 10 月 15 日，第二太平洋艦隊由里堡基地出發，艦隊的第一戰隊司令由羅茲德文斯基兼任，下轄戰艦肯雅蘇瓦洛夫、亞歷山大三世號、博羅季諾號及奧瑞爾號等新式博羅季諾級戰艦，其中肯雅蘇瓦洛夫號與奧瑞爾號於 9 月 10 日才正式服役，可見當時俄軍是多麼的倉促。

而第二戰隊由福克山少將所率領，包括戰艦奧斯里比號、納瓦林號、裝甲巡洋艦納希莫夫將軍號。第三戰隊則由安克威斯特少將率領，轄有巡洋艦奧爾濟號、曙光號等八艘。其餘還包括多艘武裝商船與補給艦等後勤艦艇，共計有 42 艘艦艇的第二太平洋艦隊就這樣出發了。出發之後，俄國艦隊當中就謠傳日本軍艦將在沿途偷襲，結果弄得人心惶惶。

俄國艦隊的漫漫長途

由於歐俄波羅的海基地到旅順幾乎需要橫渡半個地球的距離，再加上俄國的主力戰艦其噸位都在 10,000 ～ 15,000 噸之間，根本無法取道蘇伊士運河以縮短航程，只有沿非洲海岸南下，繞過好望角，才能夠進入印度洋。

1904 年 12 月 16 日，俄國第二太平洋艦隊主艦隊到了盧德里茲，羅茲德文斯基這個時候才知道旅順港內的俄艦已經蕩然無存。

1905 年 1 月 9 日，羅茲德文斯基與福克山艦隊在法屬馬達加斯加島北端的諾西貝會合，這個時候更壞的消息傳來了：旅順已經被日軍攻占。而此時，羅茲德文斯基想立刻啟程趕往遠東，趁日本艦隊還沒有在旅順封鎖戰恢復元氣之前，盡快進行決戰，好澈底殲滅。

可是，當福克山少將的艦艇經過地中海時，艦艇有所損傷，至少需要一個多月的時間修理才能繼續遠航，而帝俄政府亦傳令羅茲德文斯基，要他停留在諾希貝等待新成立的第三太平洋艦隊一起增援遠東。

最後，1905 年 1 月 15 日，第三太平洋艦隊在涅鮑加托夫少將領導下，率領戰艦尼古拉一世號、海防艦阿普拉克辛號、謝尼亞文號、烏沙科夫號及巡洋艦瓦第米莫諾馬克號與一些補給艦由波羅的海基地啟航。

日俄喋血對馬海峽

日本方面，由東鄉平八郎領導的日本聯合艦隊，經過半年的整訓，早就是摩拳擦掌，等待東來的俄軍並給予痛擊。

1905 年 5 月 25 日，懸掛俄國旗幟的補給艦駛入了上海，日本海軍這個時候判定俄國艦隊必然就在附近的海域，於是加緊備戰。

俄國東來的艦隊，因為旅順港已經落入日軍手中，所以只能駛向海參崴，而到海參崴的航道有兩條，不是通過對馬海峽進入日本海，便是取道宗谷或津輕海峽，由北海道附近駛入日本海。

當時東鄉平八郎判斷羅茲德文斯基一定會取道對馬海峽，所以將聯合艦隊集中在對馬島嶼與朝鮮半島的鎮海灣，等待戰爭的到來。

為此，東鄉平八郎派出 4 艘武裝商船及 2 艘舊式巡洋艦在海上進行偵察活動。1905 年 5 月 27 日凌晨 2 點 45 分，日本武裝商船信濃丸發現了一艘俄國艦隊的醫護船。雖然羅茲德文斯基下令實施燈火管制，可是這一艘醫護船卻燈火輝煌而被日艦發現。

兩個小時之後，經過一番仔細的判定，信濃丸發出了發現俄國艦隊在 203 地點向東北航行的電報。

於是，日本聯合艦隊的第 3、4、5、6 戰隊，分別在出羽重遠中將、瓜生外吉中將、片岡七郎中將及東鄉正路少將的領導下，向俄國艦隊方向集中。

停泊在鎮海灣中的日本三笠號戰艦上，東鄉平八郎下令全軍出動。

早上 7 點整，日本第六戰隊的和泉號巡洋艦與俄艦進行了接觸，並報告位置在宇久島西北方 48 公里處向東北航行。當天海面上正起著濃霧，全部漆成灰藍色的日本軍艦不太容易辨認，反倒是俄艦黑色的艦身上鮮黃色塗漆的煙囪，成為明顯的目標。

就這樣，日本巡洋艦隊一直遠遠監視俄艦的動向，絲毫不放鬆。到了中午 11 點的時候，俄艦奧瑞爾號戰艦向跟蹤的日本巡洋艦首開戰火，而後又在羅茲德文斯基的命令下停火繼續航行。

而 5 月 27 日這一天，剛好是俄皇尼古拉二世的加冕紀念日，俄軍大肆慶祝，並享用了一頓豐盛的午餐。

就這樣，又過了一個小時，到了中午 12 點整，日軍聯合艦隊的主力抵達沖島海面。下午 1 點 40 分，羅茲德文斯基判斷日軍主力艦應該是由西北方前來，於是下令其第 1、2 戰隊順序轉向左舷 8 點，也就是 90 度方向，如此一來，他的新式戰艦恰好可以橫過日本艦隊的先頭旗艦，得以集中各艦火力猛擊日艦的旗艦。

可讓人沒有想到的是，他的這一命令未完全貫徹，只有第一戰隊的四艘戰艦完成了轉向，第二戰隊卻沒有任何動靜，於是俄國艦隊分成了兩列前後並行的隊伍，第一戰隊大約在第二戰隊右前方約 6 公里處，結果俄艦很快就處於下風，開始進行逃離。

俄國艦隊的敗走與投降

下午 6 點左右，日軍捕捉到了俄艦的蹤影，並對亞歷山大三世號戰艦展開攻擊。半個小時之後，亞歷山大三世號戰艦多處中彈，最後終被擊沉。

而後又過了半個小時，日本富士號戰艦命中俄軍博羅季諾號戰艦，只見轟然一聲，博羅季諾號的鍋爐發生爆炸，頃刻翻沉。

此時的俄軍第二與第三太平洋艦隊早已潰不成軍，而安克威斯特少將早已在入夜前脫離戰場，率領奧爾濟號巡洋艦、曙光號巡洋艦和珍珠號航向南方，最後駛到馬尼拉被解除武裝。

1905 年 5 月 28 日早上 7 點多，海戰當中最後一艘沉沒的戰艦德米特

里・頓斯科伊號在鬱陵島附近被倖存艦員鑿沉在深水裡，對馬海峽之役至此結束。

◇知識拓展◇

對馬海峽

廣義指位於日本九州西北部對馬島和壹岐島之間的東水道及對馬島與朝鮮半島南岸間的西水道（東經 129 度 30 分，北緯 34 度 0 分）。狹義指東水道，水域長 222 公里，寬約 50 公里，中部水深 100 公尺以上。

海峽兩側都是沉降式海岸，曲折蜿蜒，礁石、島嶼、港灣星羅棋布，有下關、福岡、北九州等天然良港，對馬海峽有兩股方向相反的海流：一股是從東海北上向東北方向流的黑潮，流量約每秒 500 萬立方公尺，在海流中占主導地位。另一股海流是來自日本海從東北向西南流的親潮，在海流中占次要地位。

福克蘭群島海戰 <1914> ——
英國艦隊澈底消滅德國艦隊

◇作戰實力◇

福克蘭群島海戰作戰雙方軍事力量對比

	艦船	火炮
英國	無敵、堅定號戰鬥巡洋艦；卡納芬、肯特、康瓦爾號裝甲巡洋艦；格拉斯哥、布里斯托號輕巡洋艦	305 毫米艦炮 16 門；190 毫米艦炮 4 門；152 毫米艦炮 36 門
德國	沙恩霍斯特、格奈森瑙號裝甲巡洋艦；紐倫堡、萊比錫、德勒斯登號輕巡洋艦；輔助船數艘	210 毫米艦炮 16 門；150 毫米艦炮 12 門

◇戰場對決◇

德國艦隊的突襲史坦利港計畫

在第一次世界大戰期間，英德兩國海軍在南大西洋福克蘭群島，也就是馬爾維納斯群島附近海域進行海戰。

1914 年 11 月 1 日，德國巡洋艦分艦隊，包括 2 艘裝甲巡洋艦、3 艘輕巡洋艦，由馬克西米連‧馮‧斯比海軍中將指揮在智利科羅內爾外海擊沉了 2 艘英國的巡洋艦之後，在返航德國的途中，決定駛往福克蘭群島，企圖襲擊該島的史坦利港。

英國作為加強的南大西洋海軍力量，於 1914 年 11 月 11 日從英國本土艦隊當中派遣了 2 艘戰鬥巡洋艦前往該島，並且在途中與 3 艘裝甲巡洋艦、2 艘輕巡洋艦和 1 艘武裝商船會合，組成了一支巡洋艦分艦隊，由 F.D. 斯特

迪海軍中將指揮，而英國分艦隊則於 12 月 7 日駛抵史坦利港。

英國艦隊發現德國艦隊突襲企圖

到了 12 月 8 日上午 7 點 30 分，斯比艦隊中擔任偵察任務的輕巡洋艦，在史坦利港觀測到了高懸的三角桅塔 —— 這是英國戰鬥巡洋艦的典型標誌。與此同時，在港外警戒的老式戰艦「卡諾珀斯號」突然向德國巡洋艦齊射。得知這一消息的斯比將軍大驚失色，原準備順手牽羊的美夢頓時煙消雲散。

8 點鐘，斯特迪收到了也讓他吃驚的消息：斯比艦隊正向這個群島接近。斯特迪跟斯比一樣也是倍感意外，因為剛剛到達的英國人正在替軍艦加煤和維修，根本就沒有做好戰鬥的準備。

歷史之筆在這裡又一次躊躇了，英海軍將領自己也承認，拋錨停泊而沒有升火的斯特迪艦隊「被發現的時候處於不利地位，如果德國人堅持及時發動攻擊的話，那麼英國艦隊的結局將是極不愉快的」。然而，這個時候的斯比只想逃跑。

與之相反，斯特迪報仇心切，他命令繼續為艦隻加煤。英艦的司爐們在鍋爐房裡忙得滿頭大汗，艦船升火了。被煤灰染黑而且帶著加煤裝具的英國戰鬥巡洋艦此時立即出海，全速前進。

8 點 45 分，「肯特號」駛離港口，一小時之後，其他艦隻也相繼離港。10 點，「無敵號」發出了振奮人心的「追擊」信號。11 點，匆匆逃跑的斯比收到了讓他最為擔心的消息：他的艦隊已經被那 2 艘英國戰鬥巡洋艦追上了。

雙方交戰正式打響

中午 12 點 45 分，雙方在相距 14,400 公尺的距離上展開了戰鬥。排水量 17,250 噸、裝有 8 門 304 毫米火炮的「無敵號」和「不屈號」，射出了令

人恐怖的巨型炮彈，暴風驟雨般瀉向德艦。下午 1 點 20 分，遭受英艦第一次打擊的德國艦隊亂了陣腳。斯比眼看就要大禍臨頭，慌忙令他的輕巡洋艦疏散，各自逃命。但這時候已經為時晚矣，「肯特號」、「康瓦爾號」和「格拉斯哥號」已經奉命前去追擊。

為了把損失降到最低，斯特迪命令跟隨戰鬥巡洋艦作戰的「卡納芬號」裝甲巡洋艦拉開距離，而且親自率領「無敵」、「不屈號」戰鬥巡洋艦，單獨與斯比的主力「沙恩霍斯特號」和「格奈森瑙號」進行對戰。

正是這樣的調整，讓德國人在射程、火力和航速上完全處於了劣勢。英艦 304 毫米口徑大炮立刻顯示出了威力，「沙恩霍斯特號」首尾中彈多發，最後被打得千瘡百孔，水線以下遭到嚴重破壞，大火彌漫了整個艦體。

在科羅內爾海戰中耀武揚威的「沙恩霍斯特號」，此刻在戰鬥巡洋艦面前已經顯得十分軟弱無力了，如同一個俯首稱臣的下人。

下午 3 點 30 分，該艦的第三個煙囪被炸飛，火炮也被打啞了。下午 4 點 17 分，殘破不堪的「沙恩霍斯特號」帶著格拉夫・斯比和全體艦員一同沉入了海底。

斯比艦隊的另一艘主力艦「格奈森瑙號」裝甲巡洋艦，這個時候企圖與「沙恩霍斯特號」攜手頑抗，但是英國戰鬥巡洋艦的重型炮彈輕意穿透了它的甲板，嚴重破壞了「格奈森瑙號」裝甲巡洋艦的艦體。「格奈森瑙號」的兩個鍋爐艙湧進了大量的海水，燃起的濃煙吞噬了整個艦體。

到了晚上 6 點 02 分，該艦沉沒。在它覆沒之前，英國軍艦營救了從該艦逃亡出來的 190 名官兵。與此同時，英艦「肯特號」在追擊德艦「紐倫堡號」，「格拉斯哥號」和「康瓦爾號」則追擊「萊比錫號」，這兩艘慌不擇路的德艦分別於晚上 7 點 26 分和晚上 8 點 30 分被擊沉，最後只有 25 名艦員獲救。

此次作戰，最後只有小小的「德勒斯登號」逃避了追擊，隱匿於夜色當中。但在三個月之後，它在智利沿海瓦爾帕萊索被英艦擊沉。

一戰澈底擊潰德國艦隊

這次戰鬥，由於德國人在射程、火力、航速和數量上都處於劣勢，儘管英艦被多發炮彈擊中，但是損失輕微，裝甲救了英國水手的命。

1915 年 7 月，德國在海外的最後一艘輕巡洋艦「柯尼斯堡號」，被英國「塞文號」和「默西號」淺水重炮艦擊沉。從此，英德雙方降下了遠海戰爭舞臺的幕布，之後再也沒有其他戰艦離開德國去襲擊英國的貿易航線了。

◇知識拓展◇

福克蘭群島

英阿爭議領土，簡稱福島，位於南緯 51° 40′～ 53° 00′、西經 57° 40′～ 62° 00′，位於阿根廷南端以東的南大西洋水域，西距阿根廷 500 多公里。在南美洲南端東北方約 480 公里處，距麥哲倫海峽東亦約同等距離。

全境由索萊達（東福克蘭）、大馬爾維納（西福克蘭）兩大主島和 200 多個小島組成。海岸曲折，地形複雜，群島以北部兩條東西走向的山脈為主，最高峰達 705 公尺。島上多丘陵，河流短小流緩。氣候寒溼，年平均氣溫 5.6℃。年均降水量 625 毫米，一年中雨雪天氣多達 250 天左右。

加里波利之戰〈1915〉——
兩棲登陸的先河

◇作戰實力◇

英法聯合艦隊整體實力

	名稱	數量（艘）		名稱	數量（門）
戰艦	戰鬥巡洋艦	1	火炮	234～380 毫米炮	92
	輕巡洋艦	4			
	驅逐艦	16			
	潛艇	7		102～191 毫米炮	190
	飛機運輸艦	1			

土耳其防禦實力

要塞（個）		火炮（門）	小口徑炮	水雷
上游	11	88	-	-
下游	5	27		

◇戰場對決◇

達達尼爾海戰的背景

1914 年夏末，第一次世界大戰爆發後，英國見西部戰線出現僵局，於是希望能夠在東部戰線即土耳其方向打開局面。土耳其與俄國歷來就是宿敵。英國希望能夠打通達達尼爾海峽，與俄國軍隊會合，雙方夾攻德國，於是發動了通過達達尼爾海峽、攻下土耳其最大城市君士坦丁堡的戰役，也就是今天我們所說的伊斯坦堡戰役。

海戰篇

緊張的角逐即將開始

1915 年 2 月 19 日上午，卡登中將乘戰艦「堅強號」，領率 5 艘前「無畏」級戰艦從錨地出發向海峽進攻。在他們即將到達達達尼爾海峽入口處時，發現在他們左前方遙遠的海岸上有 2 個要塞，而在這些防禦工事背後是加里波利半島的高地。

冬日的太陽驅散了晨霧之後，卡登的軍艦在最大射程處開始有條不紊地向這 4 個要塞開炮。土耳其軍隊偶爾也進行一下還擊。英軍還派爆破組登陸炸毀火炮，但土耳其人用塹壕戰向前推進，深深的塹壕使他們避免了英軍炮火的轟擊。

到了 3 月 4 日，終於將土耳其的 4 個炮臺摧毀，但海上掃雷行動卻不順利。承擔掃雷任務的船是臨時召集的沒有武裝的木製拖網漁輪，人是從北海港口找來的普通漁民。木製漁船在平靜沒有波浪的海面掃雷是可以的，但海峽的流速有 4 節，將掃雷器放入水中，船就不能前進了。而且普通漁民沒有掃雷經驗，一聽見炮響就躲。夜間掃雷時，又被土耳其人的探照燈照得如同白晝。掃雷進行了一個多月進展甚微，但邱吉爾卻急於取勝。卡登在無可奈何之際，只好辭職，羅貝克少將接任指揮，並計畫於 3 月 18 日全面進攻。

被勝利遠景誘惑的錯誤戰略決策

羅貝克決定全軍出動，把所有的軍艦都用上。由於海峽不夠寬，所有的軍艦無法同時有效地發揮火力，他決定每 4 艘艦為一批猛轟海峽最窄處的要塞，同時，較老式的戰艦在兩翼打擊岸上的游動榴彈炮和保衛雷區的炮群。

英法聯軍沒有想到土耳其人早就發現了他們活動的規律，知道他們一般是從靠近亞洲的一側後退，土耳其人偷偷在海峽的亞洲一側布置了很多水雷，當法艦一轉舵，冷不丁就撞上了一枚水雷，隨著一股沖天的水柱，巨大

的軍艦和艦上的 600 多人像石頭一樣沉下去了。看著水上旋起的漩渦和周圍炮彈落下濺起的水柱，隨艦隊前進的掃雷拖網隊首先動搖了，它們不顧阻擋和恐嚇，掉頭以最快的速度逃出海峽。

守衛海峽最窄處的土耳其人見英法軍隊撤退，又驚又喜，但英軍在下一步行動是使用陸軍還是海軍問題上發生了分歧。

付出了慘痛代價卻一無所獲

4 月 24 日傍晚，200 多艘英法軍艦通過愛琴海駛向自己的目標。這些軍艦上運載著對博拉耶夫實施佯攻的 10,000 名海軍步兵，在海峽亞洲一側庫姆卡萊進行牽制性登陸的 3,000 名法國士兵，在加巴臺普附近進攻的 30,000 名紐澳聯軍士兵和在海勒斯角登陸的 17,000 名大部分是 29 師的英國士兵。

為了打土耳其人一個措手不及，紐澳聯軍的先鋒部隊在黎明前登陸。士兵們在黑暗中迷失了方向，把小船划到離指定登陸地區以北 1 英里的地方。他們在這裡找不到漢密爾頓在巡洋艦上見到的平緩坡地，而是陡峭的山崖，他們要冒著步槍和機槍的火力網向上攀登。不過紐澳聯軍還算幸運，附近海岸守軍並不多，很快他們就停止了射擊向內地撤退。

指揮者之間的固執己見最終釀成大禍

當暮色擋住了土耳其狙擊手的視線後，在海勒斯角海面小艇上的英國步兵終於沖上了岸，「克萊德號」上的倖存者也在夜色掩護下站上了狹窄的環形防線，疲憊的士兵在這裡整夜手不離槍，偶爾向固守在已成為廢墟的要塞裡的土耳其士兵開火。

但其他地方的壞消息還是不斷傳來，所以，當戰役發起後的第四天，即 4 月 28 日，邱吉爾下達堅決進攻的命令時，面對的則是準備充分的土耳

其士兵。

土耳其人將火炮運進海勒斯角的堅固堡壘中，毫不留情地向進攻的英國士兵發出一枚枚殺傷力巨大的炮彈，英軍的每次衝擊都因為這些火炮對前進中的步兵側翼開火而失敗。

在紐澳聯軍的加巴臺普灘頭，連續不斷的騷擾炮火使他們無法成立進攻部隊。聯軍海軍炮手的射擊技術越打越長進，可他們始終沒有學會根據火力呼喚進行定點炮火以支援步兵的突破。有些軍艦用炮火轟擊敵人的戰壕，土耳其士兵就把戰壕向前挖，一直到與英國士兵的戰壕十分接近，這樣海軍的炮火就會連自己人一起炸掉。

只要土耳其士兵一離開戰壕，就會遭到輕型武器和海軍炮火的襲擊。在長期的僵持階段，戰壕網擴大了，後勤需求按幾何數成長，傷亡不斷上升。

8 月 6 日，指揮著 12 萬人的漢密爾頓命令增派 2 個師的兵力在紐澳聯軍的側翼蘇夫拉灣登陸，他們計劃與紐澳聯軍一起將加里波利半島攔腰切斷。但是，像刀子一樣陡立的山脊、無法逾越的溝壑、各部隊間配合不協調，最主要是指揮不力，使這次行動失敗了。

戰鬥持續到 11 月，情況已經很明顯，英法聯軍無法透過加里波利半島向君士坦丁堡前進了。這場戰役為期半年多，動用了近 50 萬英法士兵，傷亡近 25 萬，而聯軍部隊仍停留在 4 月分占領的位置上，於是英國人只好下達了撤退的命令。

撤退時，紐澳聯軍的士兵非常機智地模擬出與平時一樣的步槍和火炮的射擊效果，甚至在戰壕空無一人時仍能迷惑敵人。連續 5 個夜晚，部隊按精心制定的時間表進行撤退，而在 4 個白天裡，留在岸上的人巧妙地裝出人員充足的樣子。

英軍的準確射擊為這種迷惑行動創造了條件。土耳其人被英國狙擊手嚇壞了，不敢在白天進行偵察和觀察，也就無法識破英國人的騙術，所以英法聯軍在撤退時無一人傷亡。

◇知識拓展◇

達達尼爾海峽

土耳其又稱為恰納卡萊海峽，位於土耳其歐、亞兩洲之間，巴爾幹半島東南端與安納托力亞半島西北端之間、連接地中海和馬摩拉海的水道，全長65公里，寬約 1,300 到 750 公尺，水深 57 至 106 公尺，一頭經過馬摩拉海連接黑海，一頭經過愛琴海連接地中海，自古就是兵家必爭的咽喉地帶。

日德蘭艦艇大決戰〈1916〉——
北海變「火海」

◇作戰實力◇

日德蘭海戰英德軍事力量對比

	英國	德國
船艦		
戰艦（艘）	28	24
戰鬥巡洋艦（艘）	9	5
巡洋艦（艘）	34	11
驅逐艦（艘）	80	62
艦船共計（艘）	151	103
排水量（噸）	125 萬	70 萬
火炮		
300 毫米以上大炮（門）	344	244
一次舷炮齊射總量（噸）	180	80

◇戰場對決◇

德國陸軍的計畫

1916 年新年剛過，德國陸軍計劃猛攻法國預備拿下凡爾登，並且要求海軍進行密切的配合，加緊海上攻勢。當時的海軍上將舍爾乘機向德皇威廉二世提交一份奏摺，批評公海艦隊開戰兩年多時間了，一直躲在威廉港內，根本就是無所作為。舍爾主張冒險出擊，與英國海軍決戰，奪取制海權。

後來，在舍爾海軍上將走馬上任以後，便加緊整頓公海艦隊，準備出戰。而恰好海軍部又為公海艦隊增撥了新造巴登號戰艦 2 艘，另有若干的巡

洋艦、驅逐艦。

這樣一來公海艦隊的實力大增。舍爾便按照計畫,派遣潛水艇、飛機、飛艇一同作戰,不斷襲擊英國海運線和海軍基地。

英國主力艦隊沒有辦法,只好採取分兵應付的方式。舍爾卻乘機於 1916年 5 月 31 日的午夜命令海軍上將希佩爾指揮一支擁有 40 艘戰艦的巡洋艦編隊駛出威廉港,駛入北海,尋找英國的主力艦隊。

一個小時之後,舍爾坐鎮「柯羅斯號」戰艦,親率主力艦隊的 24 艘戰艦和其他輔助艦艇,隨後跟進。

英國海軍主力艦隊的司令官約翰‧傑利科海軍上將由於天天看見德國潛艇、飛機、飛艇不斷騷擾英國艦隊的駐泊地和運輸線,心裡非常不安。於是將艦隊分為幾支,在英國沿海作扇形展開,可是卻見不到德國公海艦隊的蹤影。正在他大惑不解時,無線電偵聽站探到北海東岸威廉港內無線電訊號往來頻繁。沒過多久,破譯中心根據繳獲的德國海軍密碼本,破解了截獲的無線電訊號,傑利科從中獲悉德國公海艦隊即將出動,準備尋找英國主力艦隊進行決戰。

傑利科最後決定出海迎戰,先由海軍中將貝蒂指揮一支戰艦分艦隊,在5 月 30 日出海,自西向東駛入了北海,準備迎擊德國公海的艦隊。除了主力艦隊之外的大小戰艦共計 98 艘全部由傑利科親自指揮,隨後跟進。

北海兩大勁敵相遇

貝蒂艦隊航行了一日,於次日午時駛近北海東岸的日德蘭半島附近海域。貝蒂坐鎮「獅號」戰鬥巡洋艦,聞報發現德艦,便登高遠眺,果然看見東南海面,有黑煙冉冉升起,變得越來越濃。

希佩爾海軍上將則坐鎮「呂措號」巡洋艦上,遠遠望見英國艦隊駛來,

一面將情況通報給跟在後面的舍爾海軍上將，速率主力趕來參戰。一面指令各艦以攻擊姿態全速開進，設法把英國分艦隊誘至舍爾主力部隊的炮口下。

兩支敵對的艦隊，近百艘戰艦，各以 28 節航速行駛著。在相距 20 公里的海面，貝蒂下令英艦搶先開炮。希佩爾艦隊也隨即開炮進行還擊，可是因戰艦的噸位小、大炮射程又比較近，對英艦根本就沒有多大的威脅。而貝蒂艦隊卻擁有 381 毫米巨炮，不但威力大，而且射程也遠。

就這樣，英艦出盡了風頭。正當貝蒂得意之時，希佩爾的艦隊忽然急轉 180°航向，全速向東退去。而貝蒂見狀，不知是計，以為德艦因為害怕英艦的火力準備逃跑，便指揮各艦全速追趕。

不知不覺進入圈套

貝蒂親自率領 6 艘快速戰鬥巡洋艦緊追不捨，企圖超越希佩爾艦隊，迎頭攔截，不知不覺中把戰艦分隊甩到佇列後尾。而德將希佩爾見只有幾艘英國戰鬥巡洋艦不知死活地趕來，就急令各艦重新展開，再次準備迎戰貝蒂的戰鬥巡洋艦。

失去戰艦支援的貝蒂艦隊現在與希佩爾艦隊可以說是旗鼓相當，6 艘戰鬥巡洋艦對 5 艘戰鬥巡洋艦。英艦多一艘，而德艦訓練水準高、戰艦樣式新。兩支艦隊重新接近，隔 20 公里，各以艦炮對射，邊射擊邊相向行駛。

就在這驚天動地的巨響聲中，「不屈號」艦體開裂，無數屍骨、雜物隨氣浪飛騰翻滾。一艘 15 公尺長的艦載魚雷艇當時就被拋上 60 公尺高空，之後再墜下大海。不出半分鐘，「不屈號」連同來不及撤離的 1,000 名艦員，一齊沉入了北海。

這時的貝蒂歪戴著一頂戰鬥帽在旗艦艦橋上指揮作戰，見前後不過幾分鐘，英國巨艦就被擊沉，真的是讓他感到觸目驚心。正在焦慮之時，又聽見

一聲巨響，座艦「獅號」也被一彈擊中。希佩爾的輕型戰艦已經經不起英國戰艦的敲打，可是在慌忙中又不能脫身，於是只好一面施放煙幕逃避攻擊，一面向舍爾海軍上將求救。

當時的舍爾海軍上將離希佩爾艦隊還需要一個小時的航程。當他接到希佩爾求援報告之後，又隱隱聽到遠方海面傳來隆隆炮聲，於是立即下令艦隊全速航行，飛赴戰場，遠遠向貝蒂分艦隊包抄過來。

貝蒂不愧是久經沙場，他看見形勢不妙，一面向傑利科報告戰況，一面率領各艦佯作潰敗，慌不擇路，朝傑利科艦隊方向回駛。

舍爾遙見英艦潰逃，於是立即率領德國的公海艦隊 100 餘艘戰艦銜尾窮追。眼看就要趕上，正準備下令攻擊時，忽見西方海面濃煙蔽日，數十艘巨型戰艦破浪駛來，仔細一看原來是傑利科指揮的英國主力艦隊趕到。

舍爾非常吃驚，但是並不慌亂，下令各艦加緊攻擊，搶在傑利科戰艦大方陣趕到之前消滅貝蒂的艦隊。德國海軍官兵向來都是訓練有素，瞄準發炮，貝蒂艦隊又在德軍炮火攻擊下接連損失了 4 艦船艦，只剩「勇敢號」和「紐西蘭號」尚能戰鬥。

正當貝蒂艦隊在德軍彈雨下苦苦掙扎的時候，傑利科艦隊終於趕到。英國主力艦隊的 24 艘戰艦排成單行，列陣 4,000 公尺，橫切過舍爾艦隊前衛艦，在海面上劃出了一道巨型的「丁」字艦艇線。

傑利科一聲號令，24 艘巨型戰艦右舷巨炮一齊發射，100 餘發重磅炮彈一齊射向德艦，立時就有幾艘德艦中彈受創。而舍爾的座艦「柯羅斯號」也連中幾枚 381 毫米重磅炸彈，引起了沖天大火。

垂死掙扎獲得重生

舍爾一想再戰對自己不利，就下令驅逐艦施放魚雷煙幕掩護撤退。各艦

得令，一齊左轉掉頭，循來路飛速回撤。

傑利科沒有想到自己剛剛占了上風，正要猛敲猛打，扳回損失，煙幕中卻失去了德國公海艦隊的蹤影。

傑利科急率艦隊窮追了一程，已經進入了深夜，考慮到德國海軍擅長夜戰，又擔心遭到魚雷、潛艇的暗算，於是不敢再追，只能吃了啞巴虧，率主力艦隊怏怏返回了軍港。

◇知識拓展◇

北海

北海位於歐洲英國、德國、比利時、荷蘭、丹麥、挪威 6 國之間，水深百公尺左右，東西長 1,000 公里，南北寬 600 公里，面積約 57 萬平方公里；萊茵河、易北河、泰晤士河分從東西岸注入；周圍安特衛普、鹿特丹、漢堡諸港環立。

北海東有斯卡格拉克海峽，可直通波羅的海；西有丹麥海峽，連接大西洋；南經英吉利海峽，可達西歐、地中海；北越挪威海，可航至俄國北極地區。中部又有多格爾沙洲，水深僅 10 公尺，為歐洲漁場，同時也是海軍艦艇巡航歇息之所。

大西洋海戰〈1939〉——
「狼群戰術」的最終破產

◇作戰實力◇

大西洋海戰參戰方情況表

參戰方	指揮官	傷亡情況
英國、紐芬蘭、加拿大、挪威（1939 年～1940 年）、波蘭、自由法國、比利時、荷蘭、美國（1941 年～1945 年）	珀西‧諾布爾（英國）、馬克斯‧霍頓（英國）、珀西‧內爾斯（加拿大）、倫納德‧莫瑞（加拿大）、歐尼斯特‧金（美國）	30,264 名商船水手、3,500 艘商船、175 艘軍艦、119 架飛機
德國、義大利（1940 年～1943 年）	埃里希‧雷德爾（德國）、卡爾‧鄧尼茲（德國）	28,000 名水手、783 艘潛艇

◇戰場對決◇

「狼群」施虐

　　大西洋上的「狼群」是第二次世界大戰中對德國潛艇作戰群的專稱，它的出現與當時曾任德國潛艇部隊司令的鄧尼茲有著密不可分的關係。當時在鄧尼茲看來，面對英國作戰艦艇護衛下的商船運輸隊，如果僅僅是實施單艘潛艇的攻擊戰術早就已經過時了，可是潛艇戰絕沒有過時，也就是這樣，一種嶄新的潛艇戰術在鄧尼茲的腦海裡逐漸形成了，他最後替它命名為「結群戰術」。

　　在鄧尼茲看來，當時德國如果能夠將至少 300 艘潛艇運用於「結群戰術」

中，那麼就完全可以一舉摧垮英國的海上交通，進而使英國的經濟出現癱瘓，讓英國被迫投降。可是，最後令鄧尼茲感到遺憾的是，當時的海軍司令雷德爾與希特勒都一味迷信巨艦大炮的威力，根本不重視潛艇的作用。

在大西洋海戰爆發的時候，德國才僅僅有 56 艘潛艇，而真正能夠開到大西洋作戰的只有 22 艘 500～750 噸級的潛艇，這與鄧尼茲的最低 300 艘的期望相差太大了。

「狼群」初現大西洋

在大西洋海戰剛剛爆發時，由於潛艇的戰損維修以及潛艇在戰區和基地之間的往返，最後能保持在大西洋上作戰的德國潛艇已經不足 10 艘。可是儘管如此，鄧尼茲還是盡最大的努力發揮了它們的威力。

1939 年 9 月開戰當天，U30 潛艇就一舉擊沉了英國的「雅典娜號」客輪。9 月 17 日，U29 潛艇又擊沉了英國「無畏號」航空母艦。10 月 14 日夜晚，U47 號潛艇又獨自潛入斯卡帕灣，一舉擊沉了英國的「皇家橡樹號」戰艦，為此，艇長普里恩也成為了德國人的大英雄。

除此之外，德國的潛艇還和水面上的其他艦艇以及空軍的飛機進行密切配合，一起在英國艦船出入的港灣、河口以及英吉利海峽和北海的淺水海域布設了大量的進攻性水雷，結果在開戰後的 4 個月時間裡，就炸沉了英國的79 艘商船。

雖然取得了如此顯赫的成果，但這離鄧尼茲最終的目標還相差甚遠。1940 年春天，德國占領了法國的比斯開灣海軍基地，這樣一來，德國通往作戰海區的航程就能夠大大縮短，而 24 艘 250 噸級的潛艇也就可以加入到大西洋海戰當中。這個時候，鄧尼茲感到可以實施「狼群戰術」了。

1940 年 6 月，在英格蘭以西 260 海里處的羅科爾附近海域，英國的護航

運輸隊首先感受到了德國「狼群」的威力。在兩個月當中，每個月都會有 58 萬噸以上的船隻被擊沉，這是往常 3 月分的 5 倍。

到了 8 月分，仍然有 39.7 萬噸的船隻被擊沉，9 月分噸位有達到了 44.8 萬噸。就這樣德軍經過幾個月的連續襲擊，德國潛艇到了收穫的「黃金時期」。

德國僅以 6 艘潛艇的代價就擊沉了同盟國 217 艘船隻，共計 110 萬噸，潛艇戰也第一次達到了一個高潮。而對於鄧尼茲而言，他終於實現了「噸位戰」設想。

儘管如此，希特勒仍然把海戰的成功寄希望於海面上的大艦，以致鄧尼茲在年底統計實力時，發現大戰爆發以來德國建造的潛艇根本就不足以補充已經損失的 31 艘潛艇。

皇家海軍遏制倡狂的「狼群」

當時由於德國潛艇總是利用夜間在水面狀態下發起攻擊，這樣就讓英國裝在護航艦上的聲納探測系統幾乎失效，而英國的飛機也同樣因為缺乏在夜間發現德國潛艇的辦法而難以實施有效的攻擊。可以說，「狼群戰術」一經實施，就把英國的皇家海軍給耍得團團轉。

而英國為了要改變這種被動局面，就必須增加護航艦的數量，並且不斷擴大護航的範圍，同時也必須盡快研製出能有效用於反潛探測的雷達與相應的反潛戰術。

英國為了儘早擺脫德國卡在自己脖子上的這雙魔手，邱吉爾最後不得不忍痛割愛將英國部分的海軍基地租給美國，透過這樣的方式以換取 50 艘「廢棄」的驅逐艦來加強英國的護航力量。

最後，英國的海軍將軍們經過苦苦思索，終於找到了反擊德國新潛艇戰

的辦法。他們發現德國潛艇戰雖然看起來非常屬害，但是也有它致命弱點：首先，「狼群」除了在極少的情況下有不間斷的空中偵察保障外，主要還是依靠潛艇發現並尾隨跟蹤同盟國的護航運輸隊，如果能夠將跟蹤的潛艇打掉，那麼護航運輸隊也就不會遭到「狼群」的攻擊；而且，擔負跟蹤任務的德潛艇必須要時時刻刻發送信號以召喚「狼群」行動，這實際上也替護航運輸隊報了警，如此護航運輸隊就可以提前採取必要的措施進行防範。正是這樣客觀地總結教訓和積極的反擊措施，英國海軍很快就取得了殲滅德國三個王牌艇長的輝煌戰果。

1941 年 3 月 7 日黃昏，德國的 U47 號潛艇艇長普里恩企圖在暴風雨的掩護下突破同盟國 OB293 護航運輸隊的警戒，對它再一次發動進攻。當時朦朧中的英國「狼獾號」驅逐艦及時發現了它，並且迅速迎上前去投下了一連串的深水炸彈，結果這位曾經擊沉了 16 萬噸船隻的德國王牌艇長隨著他的潛艇一起沉入了海底。

幾天之後，德國的 U100 號潛艇艇長施普克與 U99 號的潛艇艇長克雷斯特施默爾又對 HX112 的運輸隊發起了連續攻擊。16 日午夜，當 U100 潛艇在水面上準備向運輸隊接近，並企圖再一次進行攻擊時，被護航艦「沃爾克號」上的新型雷達發現，隨即「沃爾克號」與「范諾克號」驅逐艦進行了完美的配合，實施了協同攻擊，迫使緊急下潛企圖逃跑的德國潛艇不得不再一次浮出水面，而之後「范諾克號」立即衝上去將這艘曾經擊沉了同盟國 15.9 萬噸船隻的德國王牌艇長與他的潛艇一起撞沉海底。

就在幾分鐘之後，德國的 U99 號潛艇又被「沃爾克號」發現，並將它炸出了水面，克雷斯特施默爾這位德國潛艇部隊最為優秀的戰術家，以擊沉同盟國 26.6 萬噸船隻而位居戰果第一的海洋凶煞和他的潛艇一起成為了英國皇

家海軍的階下囚。

就這短短一個多星期的反潛戰，裝在英國軍艦上的米波雷達幫了皇家海軍的大忙。德國潛艇在北大西洋的損失率也一下子上升到了 20%，而德國潛艇戰的春季攻勢也終於被英國皇家海軍遏制住了。

之後，鄧尼茲只好改變他的作戰方法，盡量避免與英國大規模的強大護航兵力相對抗，而且還盡量尋找同盟國護航能力相對脆弱的海域，轉而將「狼群」的魔爪伸向那裡的船隻。

◇知識拓展◇

無畏號航空母艦

無畏號航空母艦，為艾塞克斯級航空母艦，代號 CV11。由紐波紐斯船廠建造。1941 年 12 月 1 日開工，1943 年 8 月 30 日下水，1943 年 8 月 16 日服役。該艦參加過五次大海戰，損傷嚴重。在二戰期間，「無畏號」經歷過七次炸彈爆炸、一次被魚雷擊中，還有五次被日本「神風敢死隊」的飛機攻擊，共計 270 名船員喪生。

1974 年 3 月 15 日退役，1982 年改造成海空博物館對外開放。

2008 年 10 月 2 日，「無畏號」航空母艦沿著美國紐約哈得遜河被拖往其位於曼哈頓西岸的故地。當日，「無畏號」在完成近兩年的大修之後回到故地，並於 11 月重新向遊人開放。

偷襲「皇家橡樹號」〈1939〉 ──
一場無限制的潛艇戰

◇作戰實力◇

U-47 潛艇作戰實力情況表

性能	乘員	44 ～ 52 人
	排水量	水上排水量 769 噸；水下排水量 871 噸
	航速	水面最高航速 17.7 節；水下最高航速 7.6 節
	航程	水上航程 8,500 海里 /10 節航速；水下航程 80 海里 /4 節航速
	下潛深度	220 公尺
武器裝備	魚雷	5 具（艇首 4 具 / 艇尾 1 具）；魚雷總數 14 枚
	其他	1 門 105mm 炮；1 挺 20mm 機槍

◇戰場對決◇

納粹潛艇潛入斯卡帕灣

1939 年 10 月 13 日夜晚，在英國東北部的斯卡帕灣地區，北極光照亮了夜空。然而，納粹的 U-47 號潛艇這個時候正好利用北海的夜色，躲過了英國東北部沿海反潛部隊的警戒，悄悄鑽入了斯卡帕灣，開始了歐戰以來對英國本土目標最為凶猛的一場海上偷襲行動。

斯卡帕灣地理位置處於英國蘇格蘭東北部，是皇家海軍最大的軍事基地之一，東面扼守北海，西面 200 多公里之外就是浩瀚的大西洋。

在二戰開始之後，英國的巡洋艦、戰艦和航母等大型戰艦均紛紛停靠在斯卡帕灣。也正是因為如此，納粹德國發現斯卡帕灣裡面居然停泊了如此多的大型戰艦，才決定展開一次偷襲作戰的行動。

但是英國畢竟被人們稱為「日不落」帝國，他們的海軍也是老牌的海上力量，對斯卡帕灣一直以來都採取了極其嚴密的防範措施，灣內的 7 個入口都加強了反潛攔截，主要包括布設反潛網和安放沉船等等。在斯卡帕灣整個航道裡面到處都是「機關」，任何擅自闖入的潛艇無疑等於自殺，隨時都可能會葬身。

可是在當時，納粹德國的海上力量一直以來都是處於優勢，因此這一次他們決定孤注一擲，對擁有世界強大海上力量的英國海軍進行一次絕密的偷襲行動。

當 U-47 號潛艇潛入斯卡帕灣的時候才發現，潛行真的是太困難了，不僅沿途航道異常狹窄，而且還到處散落著英軍故意布設的沉船。當時的艇長普里恩不得不使盡渾身招數，讓潛艇小心翼翼地躲過了英軍設下的一道又一道德水下關卡。特別是某些水道，水深只有 15 公尺。而德國的潛艇為了不暴露自己，只好不時刮著周圍的障礙物，很多潛艇上的艇員都緊張得要命，以為潛艇撞上了水雷。

午夜時分，隨著潛艇深入到航道防禦的中心地帶，艇員們顯得更加緊張，老是覺得自己會被英軍發現，隨時可能遭到英軍強有力的攻擊。但是最後什麼事情也沒有發生，德國的潛艇在整個死亡航道中緩慢潛行了好幾個小時，最後於 10 月 14 日凌晨抵達了襲擊位置。

其實，當時 U-47 號潛艇之所以能夠如此大膽地潛入斯卡帕灣，是因為他們充分考慮了潮汐的影響，利用半夜滿潮的時機鑽了空子。不然的話，U-47 是無法潛入斯卡帕灣的。

戰艦首次遭襲後竟然「找不著北」

當德國的潛艇潛入斯卡帕灣之後卻驚奇地發現，偌大的港灣幾乎是空蕩

蕩的，只有一艘戰艦和一艘水上飛機母艦停泊著。而當初納粹德國的情報曾說，港口裡面停泊著 10 多艘大型戰艦，包括航母、戰艦和巡洋艦等等。

原來，納粹在 10 月 12 日派飛機偵察斯卡帕灣軍港之後，就已經引起了英軍方面的高度警惕。當時為了防止出現意外，英軍隨即下令港灣內的大多數戰艦進行轉移。然而，納粹德國在 10 月 13 日這一天並沒有再一次派飛機進行偵察，所以 U-47 潛艇也根本就不知道港灣的戰艦情況有變。

即便如此，U-47 還是開始向大型戰艦靠近，這一艘大型戰艦是英軍的戰艦「皇家橡樹號」。該艦全長大約 180 公尺，滿載排水量達 3.4 萬噸，最大航速為 21.5 節，航程為 7,000 多公里，100 毫米、150 毫米和 330 毫米 3 型大炮多達 28 門，小型火炮為 16 門，被英國稱為是威力極大的海上炮擊平臺。

凌晨 1 點多，U-47 一起發射了 3 枚魚雷，其中有 2 枚射向了「皇家橡樹號」，而另 1 枚則射向了水上飛機母艦。幾分鐘之後，只有一枚魚雷擊中了「皇家橡樹號」戰艦，而另外兩枚魚雷都沒有命中目標。

正在「皇家橡樹號」戰艦上酣睡的英軍水兵聽到爆炸聲後，猛然驚醒過來。可是，他們首先並沒有想到是自己遭到了襲擊，而是認為「皇家橡樹號」可能發生了事故。因為這些水兵認為，強大的港灣防禦，可謂是固若金湯，納粹德國的潛艇是不可能有機會潛入進來的。甚至有的水兵還認為，「皇家橡樹號」戰艦本身就是鋼鐵堡壘，即使潛艇也奈何不了。而且更有意思的是，軍港指揮官當時認為「皇家橡樹號」戰艦遭到的是納粹德國戰機的夜襲，還急忙發出了空襲警報，並且全力籌組部隊進行防空作戰。其實，英軍當下若能迅速在港灣內進行反潛防禦作戰，那麼，後面的慘劇可能就不會發生了。

本以為迎來殺身之禍的 U-47 潛艇在齊射了 3 枚魚雷之後，就迅速往外逃命。可是，當 U-47 潛艇外逃了一段距離後卻驚奇地發現，英軍並沒有派

戰艦進行追殺，而且 U-47 潛艇發現「皇家橡樹號」戰艦並沒有沉沒，於是他們決定再進行一次襲擊。

伴隨著爆炸聲中，「皇家橡樹號」沉沒了

U-47 潛艇沒費多大力氣，就再次潛行到了「皇家橡樹號」附近。1 點 22 分左右，U-47 潛艇再一次發射 3 枚魚雷。這一次「皇家橡樹號」就沒有那麼幸運了。

隨著巨大的爆炸聲，「皇家橡樹號」很快就沉沒了。後來，U-47 潛艇艇長普里恩在日記中寫道：「在 3 分鐘緊張的等待後，傳來了巨大的爆炸聲，烈火噴湧，雜物飛濺。不久，水面掀起了水柱。」

就這樣，龐大的「皇家橡樹號」戰艦在遭到魚雷襲擊之後，僅僅支撐了短短的 10 分鐘就沉入水底。全艦當時大約有士兵 1,247 人，其中 833 人死亡，包括艦長布萊格洛夫少將也不幸遇難。

「皇家橡樹號」的倖存者哈里斯在事後回憶當時的恐怖場景時說：「所有的燈突然熄滅了，只是幾分鐘的時間，戰艦開始傾斜，海水開始湧進來，大家不得不在冰冷的海水裡求生。出事水域離海岸雖然只有 1.6 公里，然而許多人很快就被刺骨的海水吞沒。最後，戰艦只有 414 人倖存下來。幸好，水上飛機母艦沒被擊沉，成功救起 386 人，不然的話，皇家橡樹號遇難的水兵將更多。」

這是英國從二戰開始以來被擊沉的第一艘戰艦，也是英國被擊沉的第一艘 3 萬噸級的大型戰艦，更是二戰開始以來英國戰艦傷亡最慘重的事件。

在 1 點 28 分左右，U-47 潛艇完成了任務，全速逃命而去。2 點 15 分左右，U-47 潛艇順利逃出了英軍控制的斯卡帕灣，10 月 17 日，U-47 潛艇返回了德國軍港。

◇知識拓展◇

U-47 潛艇

U-47 潛艇先後被賦予給多個潛艇作為名字，而最為著名的則是命名給一艘 7C 型潛艇的時期，當時的 U-47 潛艇多指普里恩指揮時期的這一類型的潛艇。

7-C 型潛艇的具體性能如下：乘員 44 ～ 52 人，艇長 67.1 公尺，水上排水量 769 噸，水下排水量 871 噸，水面最高航速 17.7 節，水下最高航速 7.6 節，水上航程 8,500 海里 /10 節航速，水下航程 80 海里 /4 節航速，設計下潛深度 220 公尺，魚雷發射管數量 5 具（艇首 4 具 / 艇尾 1 具），魚雷總數 14 枚，武器裝備，1 門 105mm 炮，1 挺 20mm 機槍。

大西洋護航戰〈1940〉── 狼群在「黑洞」出沒

◇作戰實力◇

大西洋護航戰德國「狼群」對商船的攻擊情況

時間	擊沉商船數量（艘）	擊沉商船噸位（萬噸）
1940 年 6 月	58	28.4
1940 年 7 月～ 10 月	205	108.9
1941 年	432	217
1942 年	1,160	626.6
1943 年 3 月	82	50
1943 年 5 月	34	25

◇戰場對決◇

英國「獵槍」打擊德國「狼群」

1940 年的夏秋之際，當時的形勢對於潛艇作戰非常有利，而在這一段時間，英國的護航力量也已經薄弱到了不堪一擊的程度。9 月分，英美達成了協定，美國用 50 艘舊的驅逐艦租借英國在西印度群島、百慕達以及紐芬蘭的海空基地，即使這樣，也無法立即改變英國在大西洋的護航形勢，「狼群」仍然為所欲為。

1941 年 3 月，隨著氣候的逐漸回暖，大西洋上再一次燃起了戰火。而這一次「狼群」也開始品嘗到了英國「獵槍」的滋味。

到了 7 月分，美軍登陸冰島，接替英國守軍守衛冰島。隨後，美國再一次擔負起了冰島以西護送運輸船隊的任務。而這也標誌著美國已經捲入了戰爭。

9 月 11 日，羅斯福總統宣布美國在大西洋的護航原則：美國將對大西洋的德國艦艇實行不等對方首先進攻就予以打擊的「見了就打」政策，這其實就等於是美國對德國的不宣而戰。而希特勒則在 1939 年 9 月向德國的海軍將領下達了嚴格的命令：「任何德國潛艇和軍艦不准在大西洋攻擊美國船隊。」即使這樣，當美國參加護航任務後，還是與德國潛艇發生了衝突。

德國決定清掃大西洋

1941 年 9 月，鄧尼茲決定對大西洋進行一次澈底的清掃，他把潛艇分成 2 至 4 個戰鬥群，以偵察的方式橫掃了遼闊的大西洋，當時這些「狼群」一共攔截了 4 支護航船隊，但是由於盟國的護航兵力強大而且天氣大霧迷漫，所以最後僅擊沉了共計 20 萬噸位的商船。

在 1941 年的最後 3 個月時間裡，德國在大西洋的潛艇戰進入了所謂的「蕭條時期」，因為當時為了配合北非戰場和東線戰場，大量的潛艇被派往地中海和波羅的海，這就導致在大西洋作戰潛艇的劇減。

等進入到 1942 年 5 月，美國也開始加強東海岸的護航，但是這個時候德國潛艇在南部的加勒比海取得了豐碩的戰果。僅僅在 5、6 兩個月，就擊沉了 75 萬噸位的商船。

當時加勒比海美軍司令的海軍上將胡佛，在他 1957 年的信中以友好的口吻對鄧尼茲說：「1945 ～ 1956 年這段時間（指鄧尼茲的服刑期）使你的神經感到緊張，但 1942 年當你的潛艇在加勒比海實施令人驚訝不已的襲擊時，同樣也擾亂了我的神經。」

到了 1942 年下半年，隨著美國在東海岸和加勒比海採用護航編隊之後，在美國海區的潛艇戰已經不太妙了，於是鄧尼茲將潛艇戰的重點轉移到了較近的北大西洋，準備打擊英國的護航船隊。而此時德國潛艇的數目也有了大幅度的增加，每月開往前線的新潛艇就多達 30 艘，這也讓鄧尼茲能夠編成較大規模的「狼群」。

僅僅是 7 ～ 9 月，德國潛艇在北大西洋就擊沉了 130 萬噸位的商船，但也因此損失了 32 艘潛艇，

據統計，在整個 1942 年，盟國船隻被擊沉 1,160 艘，總噸位達到了626.6 萬噸，遠遠超過了英美建造的新潛艇的噸位，而德國也損失了 87 艘潛艇。

雙方為了戰鬥提升武器裝備

而在 1943 年的前五個月，則是德國大西洋潛艇戰一步步走向失敗的階段。在這一年初，鄧尼茲接替雷德爾出任了德國海軍總司令，為此德國的潛

艇數量和技術性能都得到了很大的提高，當時在大西洋作戰的潛艇已經多達百艘以上，而且還安裝了非常先進的雷達波接收機。

但是在盟國方面，海上反潛力量也是迅速成長，並且在技術上也有了很大的提高。例如機載雷達、大功率探照燈、高效長時間照明彈等等，這讓德國的潛艇在夜間失去了掩護。

另外，邱吉爾又任命英國最優秀的潛艇部隊指揮官霍頓爵士擔任西部海區司令，在霍頓的領導下，英國的反潛作戰在物資和技術方面都得到了重大改進，特別是在戰術指揮和鼓舞士氣方面的進展非常迅速。而當時美國強大的經濟、軍事潛力也開始發揮決定性的作用。

而此時，上緊發條的德國「狼群」雖然已經是飢腸轆轆，但是在盟國強大的護航力量下顯得無能為力，戰果也有所減少，可是潛艇的損失卻大幅度提高。

當時鄧尼茲又犯下了一個非常嚴重的戰術錯誤，他竟然下令所有的潛艇在通過比斯開灣時，不論是出航還是返航一律浮出水面，用高射炮與盟國飛機進行較量，結果這一戰術讓德國的潛艇損失非常慘重，僅僅是在 1943 年 2 月就損失了 19 艘。

儘管德國潛艇受到了龐大的損失，但是「狼群」還是繼續襲擊盟國的護航船隊。在 3 月分，鄧尼茲的「狼群戰術」已經達到了高潮，上百艘德國潛艇集中於大西洋中部盟國護航兵力最為薄弱的環節，其中 41 艘集中攻擊 2 支盟國護航運輸隊，擊沉 21 艘盟國商船，而德國卻只損失了 1 艘潛艇。

在整個 3 月分，德國潛艇一共擊沉了 82 艘盟國商船，達到了 50 萬總噸位，這讓英國海軍部感到「敵人從來沒有像 3 月分頭 25 天那樣險些破壞了我們的交通線」。就這樣到了 5 月分，「狼群」又擊沉了 34 艘商船，總計有

25 萬總噸位，但是這一次德國潛艇的損失卻高達 41 艘。這也更讓鄧尼茲感到：「潛艇損失數上升得如此之快，是人們無法預料的。」於是他認為機載雷達可能讓潛艇完全喪失了水面戰鬥能力，鑑於此，鄧尼茲不得不承認：「在大西洋戰役中我們戰敗了。」

到了 5 月 24 日，鄧尼茲下令潛艇撤離北大西洋，大西洋潛艇戰就此告終。

◇知識拓展◇

地中海

地中海（英文：Mediterranean Sea），它被北面的歐洲大陸和南面的非洲大陸以及東面的亞洲大陸所包圍。東西共長約 4,000 公里，南北最寬處大約為 1,800 公里，面積（包括馬摩拉海，但不包括黑海）約為 2,512,000 平方公里，是世界上最大的陸間海。

以義大利半島、西西里島和突尼西亞之間的西西里海峽為界，分東、西兩部分，平均深度 1,450 公尺，最深處 5,092 公尺。地中海鹽度較高，最高達 39.5‰。

地中海有紀錄的最深點是希臘南面的伊奧尼亞海盆，為海平面下 5,121 公尺，地中海是世界上最古老的海，歷史比大西洋還要古老。

英義斯巴提芬托角海戰〈1940〉──
「通心粉艦隊」的覆滅

◇作戰實力◇

英義斯巴提芬托角海戰各方參戰情況

	參戰軍艦
英軍方面	澳洲輕巡洋艦「雪梨號」、英國驅逐艦「哈沃克號」、英國驅逐艦「英雄號」、「海佩里安號」、「冬青號」
義大利軍隊	2 艘義大利輕巡洋艦「黑條喬瓦尼號」、「巴特羅梅奧‧科雷奧尼號」

◇戰場對決◇

「雪梨號」和「哈沃克號」結伴而行

1940 年 7 月 18 日，英國的 F 部隊由澳洲輕巡洋艦「雪梨號」和英國驅逐艦「哈沃克號」組成，在當日清晨 4 點 30 分從亞歷山大港起航，以 18 節的航速航行，由於這一天是滿月，所以海上的能見度非常好，兩艘軍艦以「之」字形行進。

而與此同時，英國人對這一切卻一無所知，他們在海軍中將卡薩爾迪的率領下，兩艘義大利輕巡洋艦「黑條喬瓦尼號」和「巴特羅梅奧‧科雷奧尼號」已經於 17 日晚間 10 點從的黎波里出發，駛向了愛琴海。

狹路相逢勇者勝

到了 19 日早上，從北面而來的第二艘英國驅逐艦「英雄號」在正前方發現了兩艘義大利巡洋艦，而義大利軍艦也在五分鐘前就已經發現了英艦，並

且準備轉向進行正面攔截，這一舉措看起來是非常謹慎的，但是也因此失去了用重炮重創驅逐艦的機會。

當尼克遜中校的驅逐艦隊與敵人交戰了 11 分鐘之後，一艘義大利巡洋艦向「海佩里安號」和「冬青號」開火，而「冬青號」也立即開炮還擊。之後雙方艦船的距離迅速縮短，義大利巡洋艦也不敢迎頭攔截英艦了，而改為向北航行，這樣又使義軍失去了利用優勢火力發動進攻的好機會。

而這個時候由於「雪梨號」的突然到來，尼克遜中校一直在向其報告己艦和義艦的情況，另一方面，科林斯上校也非常謹慎使用了無線電靜默方式，以免暴露行蹤。

當「雪梨號」向「黑條喬瓦尼號」開火後，這一舉動大出義大利士兵的意料。因為他們這個時候正在與另一舷側的英國驅逐艦交戰，直到「雪梨號」的齊射炮彈之後才發現它的存在。

當時由於很低的薄霧影響了義大利士兵的視線，義大利士兵還以為是兩艘巡洋艦。於是卡薩爾迪將軍立即改變航向，義艦也進行還擊，集中對準「雪梨號」的炮口焰，而「雪梨號」則繼續向東南航行，準備與驅逐艦支隊進行匯合，並且進一步靠近敵艦。

「黑條喬瓦尼號」的最後時刻

後來，「雪梨號」停止了射擊，但是它卻又把目標對準了「黑條喬瓦尼號」。「黑條喬瓦尼號」當時被煙霧所罩著，「雪梨號」的炮火不能有效實行進攻，與此同時「雪梨號」卻遭到了準確的射擊，被一枚炮彈擊中。當時炮彈打中了前面的煙囪，在基座穿了一個 3 英尺寬的洞，使三艘小艇和一些設備收到了破壞，幸好人員只有一個人受到輕傷。

在追逐過程中，英國的驅逐艦以 32 節的高速航行，試圖縮短距離，但

直到 9 點 18 分，「科雷奧尼號」的距離才縮短到 17,000 碼。正當英國驅逐艦著急的時候，卻發現「科雷奧尼號」停了下來，顯然已經無法行動了，原來「科雷奧尼號」被一發炮彈擊中了引擎和鍋爐艙，電氣機械系統癱瘓，船上所有的燈都熄滅了，在彈藥庫的水兵只能借助火柴和打火機在最後關頭逃了出來。

而此時尼克遜中校迅速作出改變，以整個支隊的火力集中射擊「科雷奧尼號」。「科雷奧尼號」最後開始起火，後桅上的國旗也不見了，還發生了一系列大爆炸。

之後，「海佩里安號」進一步靠近「科雷奧尼號」，但是發現「科雷奧尼號」已經沒有什麼用了，可是當時還沒有沉沒，而這個時候尼克遜中校則在「海佩里安號」的右舷觀察「科雷奧尼號」是否還有被射擊的價值。僅僅過了兩分鐘，「科雷奧尼號」的前部上層建築就燃起了大火，緊接著就是一次爆炸，濃煙中整個艦橋被炸飛。

這個時候，「海佩里安號」在近距離射出了一條魚雷，擊中「科雷奧尼號」，7 分鐘後，「科雷奧尼號」傾覆。接著，「海佩里安號」和「冬青號」立即著手營救倖存者，「哈沃克號」也加入進來。

中午 12 點 37 分，當「哈沃克號」救起了大約 260 名倖存者之後，發現 6 架義大利的「薩伏依」轟炸機正從南飛來，於是受到攻擊威脅的「哈沃克號」只好被迫放棄了人道救援行為，全速駛回亞歷山大港。

據統計，在總共 630 名義大利艦員中有 525 人被三艘驅逐艦所救，隨後又從雅典的海軍武官處得知，還有 7 人在漂游了 26 到 42 小時後，在克里特島外獲救。

除此之外，「黑條喬瓦尼號」從蓬迪科·尼西島和克里特島之間穿過之

後，到達了距離「雪梨號」20,000 碼的位置。

9 點 50 分，義大利的巡洋艦第二次被擊中，一發炮彈穿透了尾側的甲板，在一個隔艙裡發生爆炸，造成 4 死 12 傷。由於「雪梨號」炮塔的彈藥所剩不多，於是停止了射擊。而「黑條喬瓦尼號」則繼續以尾炮進行還擊，彈著點始終離「雪梨號」尾甲板約 300 碼左右。

而之後科林斯上校再一次次發出命令，讓「科雷奧尼號」與「雪梨號」會合，三分鐘後，「雪梨號」再一次開火，但是僅僅開火了 20 分鐘後又停止了射擊。此時兩艘艦艇的距離越來越大，能見度顯得越來越低。

當時按照科林斯上校的指令，「英雄號」和「急速號」調頭駛向「雪梨號」，為後者提供近距離屏護。而到了後來，科林斯上校非常不情願地放棄了追擊，改向亞歷山大港駛去，速度降為 25 節，以便「海佩里安號」和「冬青號」趕上。

◇知識拓展◇

澳洲輕巡洋艦「雪梨號」

「雪梨號」是由皇家澳洲海軍「里安德」級改進的輕型巡洋艦。該艦標準排水量 7,290 噸，滿載 9,275 噸，四軸，72,000 馬力蒸汽輪機，航速 31 節，主裝甲帶 102 毫米，彈藥室 89～25 毫米，甲板 32～51 毫米，炮塔 25 毫米。裝備 4 座雙聯 6 寸（152 毫米）50 倍徑 BL Mark XXIII 型主炮，4 門單裝 4 寸（102 毫米）炮，3 座 4 聯。50/62 高射機槍，2 座四聯 533 毫米魚雷發射管，1 架「海象」水上飛機，1 台彈射器，艦員 570 人。

「俾斯麥」葬海記〈1941〉——
海空協調打敵艦

◇作戰實力◇

英德主要船艦性能對比

船艦名稱	排水量（萬噸）	航速（節）	主炮	其他設備
俾斯麥號	4.2	29	8門381mm主炮	12門150mm副炮，40門防空機關炮，4架水上飛機，6個533mm魚雷管
威爾斯親王號	3.8	30	10門356mm主炮	副炮：5.25英寸16門，防空火炮：40mm高射炮32座，20mm高射炮18座
胡德號	4.0	32	8門381mm主炮	12門5.5英寸副炮，4具533mm魚雷發射管，4門102mm高射炮
歐根親王號	1.85	32.5	4門雙聯裝60倍徑203mm主炮	6座雙聯裝105mm防空炮，6座雙聯裝37mm防空炮，8門20mm機關炮；4座三聯裝533魚雷發管；4架阿拉多196（Ar-196）式水上飛機

◇戰場對決◇

「萊茵演習」的「巡洋戰」計畫

1941年4月，雷德爾制定了「萊茵演習」的「巡洋戰」計畫。雷德爾決定出動兩支艦隊去破壞盟軍的北大西洋運輸線。

雷德爾決定「沙恩霍斯特號」和「格奈森瑙號」組成南方艦隊，而「俾斯麥號」和「歐根親王號」組成北方艦隊，兩支艦隊將對盟軍的海上運輸線發動鉗形的攻勢。

可是「沙恩霍斯特號」和「格奈森瑙號」還沒有出發，就在英國飛機的猛烈空襲下受傷了。「格奈森瑙號」需要進行大修，「沙恩霍斯特號」的主機也出現了故障。而「歐根親王號」雖然被魚雷擊中，但是非常幸運地沒有大傷。

到了 5 月 18 日，「俾斯麥號」和「歐根親王號」駛出了卡特加特海峽，朝著冰島北部駛去。

1941 年 5 月 21 日，海上一片濃霧，而且還伴隨著疾風暴雨。清晨，「俾斯麥號」與「歐根親王號」結伴衝過流冰群，駛向了科爾斯峽灣。

疏忽大意的「俾斯麥號」

當時「俾斯麥號」的行蹤引起了英國情報人員的注意，這條資訊以最快的速度發往了英國海軍司令部。

英國直布羅陀艦隊司令約翰·托維海軍上將馬上把從直布羅陀到斯卡帕灣內所有的戰艦、航空母艦和大型水面艦艇都派往了北海，準備制服「俾斯麥」。

不久就與「俾斯麥號」相遇，「俾斯麥號」的巨炮開始轉動，1,600 磅的穿甲彈被塞進炮膛。

就在這個時候，英國戰艦「胡德號」的穿甲彈首先劃破了安靜的夜空，在「俾斯麥號」的周圍炸響了，無數的水柱把「俾斯麥號」包圍起來，而「俾斯麥號」馬上進行了還擊。

只見一顆重磅的穿甲彈從「俾斯麥號」尾炮中噴出，在「胡德號」的甲板上爆炸，「胡德號」頓時變成了火海。

就在幾分鐘之後，「俾斯麥號」又一次齊射，再次撕開了「胡德號」的裝甲，炮彈穿透了 6 層甲板，順著沒有防護的通道，直接擊中炮塔底下的彈藥艙。結果 300 噸的彈藥瞬間引爆，「胡德號」被炸成了兩截，這艘曾經在戰場上立下過赫赫戰功的戰鬥巡洋艦很快就消失了，艦上 1,400 多名官兵中，只有 3 人倖存。

德艦當然也不肯放過「威爾斯親王號」。接著，在「俾斯麥號」和「歐根親王號」的夾攻下，「威爾斯親王號」的艦橋被炸毀，火控指揮室也跟著遭殃。指揮塔上，英官兵的屍體堆在一起，鮮血流到甲板上。「威爾斯親王號」只好邊放煙幕邊撤退。

等英艦離開之後，呂特晏斯向雷德爾發報：「『英胡德號』被擊沉，『威爾斯親王號』受重傷後逃跑，另有兩艘英巡洋艦跟蹤。」

而「俾斯麥號」這個時候也受傷了，在混戰中，「俾斯麥號」的 2 號鍋爐艙被擊中，2 號燃油艙也被炸壞，大量燃油瀉入海中，軍艦就像拖著一條黑色的大尾巴。呂特晏斯命人檢查「俾斯麥號」的傷情。

總體來說，「俾斯麥號」占了很大的便宜，呂特晏斯心裡又驚又喜，喜的是「俾斯麥號」不愧是戰艦之王，很經得起打，而且火炮精良，幾次齊射就把英國的「胡德號」擊沉了。

可是呂特晏斯也料到英海軍不會就此善罷甘休，一定會圍捕「俾斯麥號」的。而且德國海軍沒有航空母艦，「俾斯麥號」無法對付來自空中的攻擊，眼下唯一的辦法就是先躲避一陣再說。

為此，呂特晏斯決定向聖納澤爾方向航行。

躲藏不得，反而被殲滅

7 點 30 分，「俾斯麥號」在海上遇到了風暴，戰艦在巨浪中時起時伏。

就這樣經過幾個小時的折騰，呂特晏斯卻得到了機電部門報告：到聖納澤爾的油料不夠，被打壞的 2 號燃油庫的大洞根本無法堵住。

呂特晏斯發現情況不妙，他看了一會海圖，決定駛向布雷斯特港，因為去那裡要比到聖納澤爾港近 120 海里。

英國首相邱吉爾得知「胡德號」被擊沉後，非常生氣，他認為這是英國的恥辱。邱吉爾認為只要一天不消滅「俾斯麥號」，那麼英國就會一天不得安寧。

英國撒下一張圍殲大網

為此，邱吉爾痛下決心，他在大西洋海域部署了 42 艘戰艦，其中包括 2 艘航空母艦、5 艘戰艦和 3 艘戰鬥巡洋艦，張開了一張圍殲「俾斯麥號」的巨網。

25 日晚間 10 點，英國的魚雷轟炸機從「勝利號」航空母艦的甲板上相繼起飛。9 架魚雷轟炸機抗拒著惡劣的天氣，向「俾斯麥號」撲去。

由於天氣條件不好，飛行員的視線不良，投射的 9 枚魚雷，只有 1 枚擊中，沒有炸到「俾斯麥號」的要害。

到了 26 日上午 10 點 30 分，一架英國水上飛機報告：在比斯開灣內發現「俾斯麥號」正向法國海岸逃竄。

雖然這架水上飛機之後被「俾斯麥號」上的防空炮擊落，但是托維已經從海圖上找到了「俾斯麥號」大致位置，於是命令薩墨維爾的 H 艦隊進行攔截。

H 艦隊向北疾駛，在接近「俾斯麥號」時，「皇家方舟號」出動了 15 架「箭魚式」魚雷轟炸機飛向「俾斯麥號」。

結果「俾斯麥號」遭受了重創，大量進水，左螺旋槳被炸毀，碎片卡死

了舵機，艦船已經很難操縱了。

5月27日凌晨，「俾斯麥號」又被幾十艘英艦團團包圍。上午8點47分，英戰艦「羅德尼號」第一個開炮，幾分鐘之後，「喬治五世號」也發炮了，密集的炮彈瀉落在「俾斯麥號」的甲板和炮臺上。「俾斯麥號」拚命開炮還擊，可惜仍寡不敵眾。半小時後，舵機完全失控，戰艦的航向忽左忽右，炮手們難以瞄準。

而英機和戰艦發誓一定要炸沉「俾斯麥號」，所以不斷向「俾斯麥號」進攻。

10點36分，德國最大的戰艦「俾斯麥號」沉沒，包括呂特晏斯在內的2,200名德艦員喪生，只有113名艦員獲救。

◇知識拓展◇

「俾斯麥號」

「俾斯麥號」是德國最大的戰艦，於1935年動工，1940年下水服役。「俾斯麥號」長224公尺，寬36公尺，兩舷中甲板下裝甲厚度330毫米，主甲板裝甲厚度分別為101.6毫米和50.8毫米。

「俾斯麥號」的最高航速為29節，排水量為4.2萬噸，安裝了8門381毫米的主炮，12門150毫米副炮和40門防空機關炮，搭載4架水上飛機和6個533毫米魚雷管，火力強大。而且這艘以上世紀德國「鐵血宰相」俾斯麥命名的戰艦，在戰鬥力上遠遠超過英國戰艦。

珍珠港事變〈1941〉──
日本奇襲美利堅

◇作戰實力◇

偷襲珍珠港日軍軍事力量與美軍損失情況一覽表

	日本	美國
艦船總計	20	98
航空母艦	6	
巡洋艦	3	
戰艦	2	
驅逐艦	9	
飛機總計	183	250 架
轟炸機	100	
魚雷機	40	
戰鬥機	43	
參戰人數	-	4,500 多人

◇戰場對決◇

為了獨霸亞洲，拚命也要與英美一戰

1941 年 12 月 7 日，日本對美國的太平洋軍事基地珍珠港發動了突擊，也揭開了太平洋戰爭的序幕。

1941 年 7 月初，日本帝國的御前會議通過了《帝國國策綱要》。為了能夠獨霸亞洲的太平洋地區，「跨出南進的步伐」，日本決定不惜一切代價對英美進行一戰，要先進軍南洋，首先就必須拔掉美國在太平洋上的一顆釘子 ── 太平洋艦隊基地珍珠港。於是，日軍頭目山本五十六把偷襲珍珠港視

為錦囊妙計。

為了實現山本五十六的偷襲方案，日本一方面向檀香山派遣間諜收集有關美國艦隊的情報，而另一方面也不惜代價進行偷襲前的準備工作。

為了保證偷襲計畫萬無一失，日本還使用外交手段來迷惑對方。就在事發前夕，日美之間的友好談判弄得是熱火朝天。日本新任駐美大使野村娓娓動聽地告訴記者：「日美之間是沒有任何理由開戰的，不管我們之間存在著什麼問題，都可以用友好的態度來解決。」

其實，在這假象的背後，日本正在磨刀霍霍，他們一方面加緊改裝魚雷，使其下潛深度不超過 10 公尺；另一方面艦空隊拚命進行飛行高度 20 公尺的攻擊訓練。

到了 9 月初，日本的陸軍「南方登陸作戰」訓練接近完成，海軍也已經全面完成了戰時的編制。

偷襲行動開始

1941 年 12 月 7 日凌晨 4 點，北太平洋海面上波濤洶湧，蒼茫一片，一切都是那麼正常。而在正常的背後，一支艦隊正在迷漫的海霧中航行，這支龐大的海軍艦隊，由 6 艘航空母艦、2 艘重巡洋艦、2 艘高速戰艦、9 艘驅逐艦和 1 艘輕巡洋艦組成，正全速向南行駛。

這是一支日本海軍的艦隊，它們擔負著偷襲美國海軍基地珍珠港的重要使命。僅僅從這支艦隊的裝備，便可看出它們即將實施一次令人心悸的毀滅性進攻。

一架架作戰飛機在航空母艦的甲板上排滿，整裝待命，引擎已經隆隆轉動著了。這些飛機要麼攜帶著重磅炸彈，要麼機身下掛滿了魚雷。

在這支艦隊最前面的是日艦隊的旗艦「赤誠號」，艦桅上將旗迎風忽啦啦

地響，緊靠那面將旗的下面，是一面 Z 形的作戰旗。旗艦率領著這支龐大艦隊正悄悄逼近珍珠港。

日軍艦隊認為此次偷襲計畫是勢在必得，因為他們已經派了五艘袖珍潛艇潛入珍珠港打前哨。

12 月 7 日，美國人心中的痛

12 月 7 日，星期天，美國太平洋艦隊的很多官兵們都上岸度假去了，他們唱歌跳舞、吃喝玩樂，完全就沒有作戰的準備。他們萬萬沒有料到，珍珠港和太平洋艦隊馬上就要大難臨頭了。

12 月 6 日，日本還在假惺惺地和美國大談和平，提出要與美國共商解決衝突的良策。而美國也剛剛由駐日大使格魯向外務大臣東鄉茂德遞交了一封美國總統羅斯福致日本天皇的親啟電報。

在美國人的眼裡，戰爭的陰雲即將煙消雲散，歌舞昇平的太平氛圍即將布滿太平洋的上空。所以，美軍放心將珍珠港內的艦艇和機場上的飛機都密集地排在一起。

雖然羅斯福總統在前不久曾經接到日本準備突襲美軍艦隊的情報，但是經過最高司令部的分析研究後，人們不相信這是真的，更沒有人通知太平洋艦隊的司令金梅爾上將。

當時美國的海軍巡邏艇發現了日軍的袖珍潛艇，其中「華特號」巡邏艇立即開火進攻，最後只有兩艘日軍的潛艇得以潛入港內。但是美軍指揮部對此卻毫不在意，認為這些潛艇的到來只是日本的騷擾。

結果，沒一會兒，日軍航空母艦上的作戰飛機就起飛了。183 架飛機編隊完畢，殺氣騰騰地朝珍珠港撲去。混合機群緊緊跟隨著總指揮官淵田美津雄中佐的座機，爬上 3,000 公尺的雲層，很快便隱沒在雲層中。

在歐胡島周圍的歐柏那美軍雷達基地值班的兩位士兵率先從雷達螢幕上發現北方有大編隊的飛行物體飛來，他們立即報告給空襲警報中心，但是當時美國的值班軍官卻認為，他們看到的是從希卡姆機場起飛的美軍偵察機，或者是從加州飛來的「空中堡壘」飛機。就這樣，日本的龐大機群漸漸飛臨珍珠港上空，而美軍留守在艦上的官兵還認為這是自己的空軍在進行特種演習。

珍珠港成了火海

7點55分，淵田中佐一聲令下：「攻擊！」日本俯衝轟炸機突臨希卡姆陸軍機場上空，進行輪番轟炸掃射。機場上濃煙滾滾，烈火熊熊，轉眼間美軍的飛機就變成了一堆廢鐵，島上其他幾個機場也遭受了同樣的命運。就在短短的五分鐘之內，美國空軍在歐胡島上的戰鬥力量全部陷於癱瘓。

3分鐘過後，珍珠港上空又出現了大批的日本魚雷機。而此時，港內的航道上還停泊著美國太平洋艦隊98艘各類艦隻。

其實，日本偷襲的主要目標是八艘美國戰艦，其中有七艘都停泊在所謂的戰艦大街的航道上，而另外一艘戰艦「賓夕法尼亞號」這一天正好在船塢進行修理，所以它的位置上停放的是輕巡洋艦「海倫娜號」。

只見日本魚雷機猛然俯衝下來，在離水面20公尺左右的高度發射經過改裝、帶有安定尾鰭的魚雷。戰艦周圍水柱四起，艦上更是火光沖天，其中一隻戰艦的彈藥艙中彈，發生劇烈爆炸，一時火柱高達1,000多公尺。

這時，太平洋艦隊司令金梅爾海軍上將在山腰的別墅前等車，戰艦爆炸的氣浪把他撞在柱子上，他這個時候才如夢初醒，意識到是日軍的襲擊。

當金梅爾舉目遠望，發現到處都是濃煙、火海和爆炸聲，被炸毀的艦隻東倒西歪，他自己的旗艦也在船塢中噴吐著火舌。

這次偷襲過程持續了將近半個小時，在平靜的度過了十幾分鐘之後，日軍的第二次偷襲又開始了，這次由 54 架水平轟炸機和 81 架俯衝轟炸機組成進攻的主體。由於第一次偷襲，已經使得珍珠港籠罩在一片硝煙之中，所以目標難以辨認，一直到 9 點 45 分，日機才執行完第二次偷襲任務，全部撤離。

日軍偷襲珍珠港歷時 110 分鐘，讓美國的軍事實力遭受到了嚴重的損失。港內的 8 艘戰艦中的 1 艘被澈底破壞，1 艘傾覆，另外的 3 艘受到重傷而沉沒海底。另外還有 19 艘軍艦中彈，3 艘驅逐艦被打得百孔千瘡。此外，有 250 多架飛機被擊毀，美軍官兵死傷多達 4,500 多人。

可以說，珍珠港事件給美國帶來的損失幾乎比美國海軍在第一次世界大戰中所受損失的總和還要大，也是從此之後，美國的太平洋艦隊再也風光不起來了。

◇知識拓展◇

山本五十六

山本五十六，西元 1884 年 4 月 4 日～1943 年 4 月 18 日，舊姓高野，時任日本海軍大將，他自幼受到了武士道和軍事薰陶，具有堅強的意志和爭強好勝的進取精神。

1901 年他考入江田島海軍學校，1904 年畢業後任「日進號」裝甲巡洋艦上的少尉見習槍炮官，參加了 1904～1905 年日俄戰爭，在日、俄海軍對馬海峽海戰中負了重傷，左手的食指、中指被炸飛，留下了終身殘疾。當時由於他只剩下了八根手指，同僚們幫他取了個「八毛錢」的綽號。1908 年，他進入海軍炮術學校學習，1914 年，以上尉軍銜進入海軍大學深造，1915 年

晉升為少佐。

1916 年，他從江田島海軍兵學校畢業後，繼嗣山本家，改姓「山本」，由「高野五十六」改名為「山本五十六」。

美日瓜達康納爾海戰〈1942〉——消滅「東京快車」

◇作戰實力◇

美日瓜達康納爾海戰美日軍事力量對比

	參戰人數	艦船情況
美國	美海軍第 1 陸戰師 1.6 萬人、6,000 多名陸軍	共 23 艘運輸船、8 艘巡洋艦、1 個驅逐艦警戒群、3 艘航空母艦、1 艘戰艦、6 艘巡洋艦、16 艘驅逐艦
日本	1.1 萬名日軍	11 艘運輸船、12 艘驅逐艦、「比叡號」和「霧島號」戰艦在內的一支炮擊編隊

◇戰場對決◇

美海軍陸戰員在瓜島登陸

1942 年 8 月 7 日的清晨，美軍艦隊接近了瓜島。6 點 40 分，美軍對瓜島發起了十分猛烈的轟炸和炮擊。

當時島上那些毫無準備的日本兵還在睡夢之中，就已經被炸得血肉橫飛。除此之外，島上許多日軍的重要目標被摧毀。在 2 小時的轟炸之後，海

軍陸戰第 1 師師長范德格里夫特少將指揮部隊開始進行登陸。

美軍幾乎沒有遭遇到任何抵抗就登上了瓜島，而且還不停向島內的縱深進攻。到了 8 日下午，當美軍占領高地的時候，在機場的日本工兵只好倉促地朝西面逃去，美軍沒經過什麼戰鬥就占領了機場，並把機場改名為「韓德生機場」。

在黃昏時分，瓜島以北的圖拉吉島也落入了美軍的手中。

結果，美軍登陸瓜島的消息很快就傳到了位於瓜島西北 600 海里的日本海軍第 8 特混艦隊，當時的艦隊司令官三川中將在接到瓜島的告急電文之後，就命令艦隊全速前進，決定在夜間偷襲美軍艦隊。因為當時日軍聯合艦隊的司令官山本大將得到消息，美軍在攻擊瓜島之後，決定要重整瓜島，並且作為南太平洋作戰的第一個目標，而且還要組成一支「東南地區艦隊」向瓜島進行進攻。所以，瓜達康納爾海戰規模迅速升級。

「東京快車」的行動

日本人為了能夠奪回瓜島，更是加緊了夜間「東京快車」的行動。不久，日軍在瓜島的兵力就超過了美軍。

可是日軍的最高指揮部對增援瓜島的速度還是不滿意，於是他們決定由護航艦隊一次把肖特蘭群島基地的增援部隊全部都運送到瓜島。

到了 11 月 12 日黃昏，在阿部少將的指揮下，11 艘運輸船和 12 艘驅逐艦載著 1.1 萬名日軍順著狹窄的水道朝瓜島駛去。而且還包括「比叡號」和「霧島號」戰艦在內的一支炮擊編隊，也特意從楚克群島趕來，企圖對韓德生機場實行夜間炮擊。

瓜達康納爾海戰的序幕被打開

也就是在這一天，美海軍少將特納奉命率領艦隊將 6,000 多名陸軍和海軍陸戰隊援兵送上了瓜島。

傍晚時分，特納的護航艦隊在向東南方向回撤時，巡邏飛機報告：日本的炮擊艦隊正在接近瓜島。之後，特納從護航艦隊中抽出了 5 艘巡洋艦和 8 艘驅逐艦，在海軍少將卡拉漢的指揮下重返鐵底灣，由此掀開了瓜達康納爾海戰的序幕。

當時是一個非常晴朗的夜晚，美日兩支編隊正面對面朝著瓜島以北的鐵底灣駛去。頓時，兩軍的艦船就絞在了一起，進行了一場混戰，當時戰鬥的混亂和激烈程度可以說是海戰史上前所未有的。

讓美國人感到幸運的是，當時日戰艦上只攜帶著 356 毫米的轟炸陣地用的殺傷彈，而不是穿甲彈，這樣美軍編隊才免遭覆沒的命運。

在交戰過程中，雙方編隊多次被打散，編隊交戰又變成了艦與艦之間的單獨決鬥，而且還不時發生同室操戈的情況。

到了第二天天明才發現，兩軍的損失都很嚴重。日軍 2 艘驅逐艦、1 艘巡洋艦和旗艦「比叡號」被擊沉，而美軍 4 艘驅逐艦、1 艘巡洋艦被擊沉。當時美軍著名的卡拉漢將軍、斯科特將軍及大部分參謀人員在海戰中陣亡。

11 月 14 日凌晨，以三川海軍中將指揮的日巡洋艦編隊又從肖特蘭島南下，並且開始炮擊韓德生機場。

而與此同時，美將金凱德率領的「企業號」編隊也正從南面趕來。當日拂曉時分，美軍偵察機發現了日軍的兩個艦群，一支是三川的炮擊編隊，另一支是阿部的增援編隊。於是，美軍立即展開攻擊，從「企業號」航母和韓德生機場起飛了大批轟炸機，首先對三川的艦隊發起攻擊，最後擊沉了 1 艘

巡洋艦，重創 3 艘。

之後，他們對阿部艦隊中防衛相對弱的運輸船只進行了反覆的攻擊。至傍晚時，日軍已經有 6 艘運輸艦被擊沉，1 艘掙扎著逃回基地。

而阿部仍率領著剩下的 4 艘運輸艦繼續向瓜島推進。當時為了接應他，近藤率領「霧島號」戰艦、4 艘巡洋艦和 9 艘驅逐艦全速從北面趕來。

而與此同時，美軍也從「企業號」航母編隊中分出來了「華盛頓號」和「南達科他號」戰艦和 4 艘驅逐艦從南面駛來，他們最後率先到達瓜島，可是並沒有發現日艦隊。

而近藤卻發現了美艦，因為他剛好隱藏在薩沃島的背後，突然衝出來，一陣炮彈、魚雷攻擊，一下子就擊沉了 2 艘美驅逐艦。「南達科他號」戰艦和另 2 艘驅逐艦也先後失去了戰鬥能力。後來，美軍僅存的「華盛頓號」利用自身的雷達優勢，集中炮火轟擊日軍的「霧島號」，讓其在 7 分鐘之內就喪失了機動能力。無奈之下，近藤只好下令放棄這艘戰艦和另外 1 艘被打殘的驅逐艦，倉皇撤離戰場。

這個時候，阿部少將也繼續向瓜島行進，並且將殘餘部隊由 4 艘運輸艦送上海灘。天亮後，日軍的行動被美軍發現，4 艘運輸艦立即被埋葬在美軍的炮火之中。而這批艦隻的毀滅也意味著歷時 3 天 3 夜的瓜島大海戰結束了。

◇知識拓展◇

瓜島

瓜島，是瓜達康納爾島的簡稱，位於太平洋上索羅門群島的東南端，長 145 公里，寬 40 公里，陸地面積約 6,500 平方公里，是長鏈狀的索羅門群島中一個較大的島嶼。

島上地勢崎嶇，森林密布，罕有人跡。第一次世界大戰以來，其為美國屬地，太平洋戰爭爆發後被日軍占領。由於它位居澳洲門戶，並且臨近日本，地理位置極為重要。

中途島大戰〈1942〉──
海上與空中的搏殺電影

◇作戰實力◇

中途島戰役中美雙方實力對比表

	美國	日本
航空母艦	3 艘	8 艘
戰艦	約 40 艘	11 艘
特混艦隊	2 個	-
巡洋艦	-	23 艘
驅逐艦	-	56 艘
潛艇	-	24 艘
艦載機	230 多架	400 多架

◇戰場對決◇

轟炸東京惹惱日本

杜立特爾轟炸東京的事情震驚了日本參謀本部，也讓日本高層十分憤怒。為此，5 月 5 日，日本海軍軍令部發布了《大二號命令》，正式批准中途島作戰計畫，並且命名為「米號作戰」。

日軍為了做到萬無一失，幾乎調集了全部的主力艦船。1942 年 5 月 27

日，南雲中將率領的第一機動部隊悄悄駛向中途島。

南雲的喜與憂

1942 年 6 月 4 日凌晨，南雲中將率領的第一機動部隊終於到達中途島西北約 300 海里的地方，4 艘航空母艦已經可以隱隱約約地看見中途島。

4 點 30 分，航空母艦上的大功率照明燈發出的光線打破了黎明的寧靜。「戰鬥機起飛！」南雲中將的命令從擴音器的喇叭中傳出。「赤誠」、「加賀」、「飛龍」和「蒼龍」四艘巨型航空母艦上是燈火通明，15 分鐘內，108 架飛機飛離了甲板，轟鳴著向東南方向的中途島飛去。

第一批飛機起飛後，隆隆的馬達把第二波攻擊的 126 架飛機上升到甲板上。此刻，中將南雲心裡得意和高興之情油然而生，眼看大功即將告成，心情也十分激動。

此時，南雲及時向日本大本營報喜：「美軍尚未察覺我方企圖，也未發現我機動部隊。」無線電波越過浩瀚的太平洋，飛向了日本大本營。

其實，南雲高興得太早了，這時美國的 3 艘航空母艦早就到達了中途島東北約 300 海里的洋面上，可是日軍居然還完全不知。

美軍出師不利

其實，當日軍航空母艦上的第一波攻擊飛機剛剛起飛時，美軍的水上飛機和雷達就發現了目標。而當日軍飛機進入美軍防衛圈的時候，中途島上的美軍飛機就全部起飛了。

雖然日軍氣勢洶洶而來，但是由於有了準備，美軍的 26 架「野豬」式戰鬥機和第一波攻擊進行著激烈的戰鬥。可是由於「零式」飛機良好的性能讓美國的「野豬」飛機難以還手，有好幾架「野豬」落入到了滾滾波濤之中。

到了 7 點 30 分，太陽把水面照得分外壯觀，與淒厲的空襲警報形成鮮明對比，這時日軍驅逐艦噴出縷縷黑煙，向「赤城號」傳遞著美機襲來的信號。

南雲發現 10 架飛機編成兩隊呼嘯著直撲過來，隨即命令「零式」戰鬥機起飛迎戰，而航空母艦上的日軍高射炮也開火了。不一會，7 架美機被擊中，但是有一架竟然墜毀在「赤城號」的甲板上。也就在這時，南雲馬上決定對「中途島」實行第二波攻擊。

這時在中途島東北面的海面上，美軍航空母艦上的戰機也一架接一架的起飛，準備對日本艦隊發起一次閃電襲擊。

可是，當美國機群陸續到達預定海域時，卻找不到日本艦隊的蹤跡，最後有好幾架飛機的航油用盡，飛行員墜海犧牲。

當時在「大黃蜂號」上的第八魚雷攻擊機中隊是由約翰‧沃爾德倫海軍少校指揮的。戰鬥中他們和護航的戰鬥機失散了。沃爾德倫靈機一動，決定向北搜索。

9 點 20 分左右，一支龐大的日本艦隊出現在他的視野之中。可是這個時候飛機的燃油馬上就要耗盡了，於是沃爾德倫一面報告敵艦的蹤跡，一面請求加油後再進行攻擊，可是從無線電中傳來長官斯普魯恩斯冷酷無情的聲音：「立刻進攻！」

軍人向來是以服從命令為天職的。美軍戰艦「事業號」上的 15 架炸彈機，在沒有戰鬥機護航的情況下開始向日本艦隊發起了攻擊。他們下降到投彈的高度，迎著凶猛的「零式」戰鬥機，向攻擊目標平飛過去。

可是慢騰騰的魚雷機根本不是「零式」的對手。「零式」一開火，魚雷機一架接著一架被擊中起火，幾乎全軍覆沒，只有喬治‧蓋伊中尉一人死裡逃生。蓋伊中尉的飛機被擊落後，座艙的坐墊散落在海面，他抱住坐墊在海面

漂浮了一天一夜，而他也正是從海面上目睹了這場驚心動魄的中途島大戰。

後來，美國有 10 架魚雷機被擊落，倖存的 4 架避開了攻擊，但是發射的魚雷卻沒能擊中目標，日軍航空母艦是有驚無險。

日航母的末日：全軍覆滅

這一次是美軍出師未捷，日本飛機占了很大的便宜，但讓南雲吃驚的是，他接到了美軍航空母艦離中途島只有 240 海里的情報。南雲做夢也沒有想到美軍艦隊會如此神速地出現在附近。於是，他下令停止換彈，防止美艦的突然攻擊。

按計畫，南雲準備對中途島實施第二波攻擊，將艦上原準備攻擊美艦的飛機全部撤掉，換裝成炸彈。可是這時南雲又猶豫了，因為魚雷攻擊軍艦的威力是炸彈所不能比的。就這樣，南雲反反覆覆地發布命令，這使得航空母艦上的空軍地勤人員非常生氣，他們將炸彈換下就胡亂堆在甲板上。

而此刻，美國「企業號」和「約克鎮號」航空母艦上起飛的兩支俯衝轟炸機大隊一前一後相繼出現在日本艦隊的上空。

美軍飛機的突然出現，完全出乎南雲的意料。在幾乎沒有遭到日軍地面炮火的攻擊和艦載飛機攔截的情況下，美軍飛機就對準了航空母艦正中的「太陽徽」。可是非常遺憾的是，第一排的炸彈並沒有命中目標。但是日本巡洋艦在美軍的轟炸下開始起火，日本航母的厄運還是難逃，第二排重磅炸彈終於擊中了艦尾，一道熾烈的紅光沖天而起。第三排炸彈則扔到了航空母艦的中央，40 多架正在加油的日本飛機被擊中起火，大火又引爆了堆放得亂七八糟的炸彈和汽油桶，連鎖的反應又引爆了艦上存放的魚雷。

就這樣，「赤城號」在激烈的攻擊中斃命。而緊接著，3.8 萬餘噸級的「加賀號」在兩次天崩地裂的大爆炸後，也永遠沉入了海底。

10 點 25 分，17 架從美國「約克鎮號」起飛的轟炸機又將 3 顆重磅炸彈準確擊中了 1.59 萬噸級的「蒼龍號」航空母艦。而隱藏在水下的美軍潛艇也向「蒼龍號」發射了兩枚魚雷，就這樣把「蒼龍號」送上了不歸的航程。

6 月 4 日中午，日本只倖存下「飛龍號」航空母艦。在 6 架「零式」戰鬥機掩護下，「飛龍號」上 18 架轟炸機重創了美國航空母艦「約克鎮號」，「約克鎮號」也慢慢沉沒在海底。

當時天色已晚，日本艦隊拚命向北撤退，而山本引誘美軍航空母艦決戰的夢想也澈底被粉碎。但「飛龍」也沒有因此而倖免，美軍從「企業號」上起飛的 24 架轟炸機是「飛龍號」的送行者，再加上美軍「大黃蜂號」上的轟炸機也趕來援助，日軍「零式」飛機拼死攔截也無濟於事，只擊落了 3 架美軍轟炸機。

最後，有 6 枚重達半噸的炸彈擊中了指揮臺，濃煙烈火吞沒了艦體。8 點 20 分，「飛龍號」指揮官山口少將將自己綁在艦橋上，與船艦一同沉入冰冷的大洋之中。5 日凌晨，日本艦隊聽到山本的命令：「取消中途島行動。」中途島之戰最終以日本人的慘敗而告終。

◇知識拓展◇

中途島

屬玻里尼西亞群島，為美國無建制領土。它地處太平洋東、西兩岸的中途，東南距檀香山約 1,850 公里。由沙島、東島和斯皮特島組成陸地面積 6.2 平方公里，周長 15 公里。地勢低平，陸地最高點為海平面以上 13 公尺。亞熱帶氣候，盛行東風，島上無本土居民。

1940 年美軍在此建造航空和潛艇基地，戰後其商業航空站的地位下降。

1950 年取消定期航班，同年海軍撤離，僅剩下留守部隊。現有國家野生動物（鳥類）保護區，人口 453 人（1980 年）。

大名鼎鼎 PQ-17 航隊的覆滅〈1942〉——邱吉爾迫不得已的決定

◇作戰實力◇

雙方軍事力量對比

	艦船	飛機
英國、蘇聯	6 艘驅逐艦、2 艘防空艦、2 艘潛艇、4 艘護衛艦、4 艘獵潛艦、3 艘掃雷艦、3 艘救護船、1 艘補給油船、2 艘英國巡洋艦、2 艘美國巡洋艦、3 艘驅逐艦、9 艘英國潛艇、2 艘蘇聯潛艇	-
德國	潛艇、戰艦「鐵必制號」、戰鬥巡洋艦「沙恩霍斯特號」、重巡洋艦「舍爾海軍上將號」、「希佩爾海軍上將號」、「歐根親王號」	偵察機偵察護航隊、He-115 魚雷轟炸機、德國空軍第 5 飛行團的兩百餘架轟炸機

◇戰場對決◇

北極航線的由來

在希特勒入侵蘇聯之後，蘇聯加入反法西斯盟國這一方，英國首相邱吉爾宣布將對蘇聯進行支持和援助。

當時給蘇聯運送戰爭物資有三條途徑：透過波斯灣和伊朗的鐵路、透過

日本津輕海峽和宗谷海峽的太平洋航線、透過北極航線。可是當時前兩條由於種種原因，運量非常有限，主要物資還是只能透過北極航線運往蘇聯。

北極航線的起點在冰島，終點則為莫曼斯克和阿爾漢格爾斯克。莫曼斯克較近，而且是終年的不凍港，但是航線卻要受到駐北挪威的德國海空軍威脅；阿爾漢格爾斯克航線大約 2,200 海里，雖然比較安全，可是卻有半年的冰封期，航運頗受限制。

而且在當時，有德國飛機、水面艦艇和潛艇封鎖，這讓北極航線更加陰森恐怖。在世界其他海洋上航行的水手，也是難以想像北極航線的艱辛和危險的。儘管如此，盟國仍然使用該航線向蘇聯運送了大量軍火，對蘇聯衛國戰爭作了重大貢獻。

英國海軍把從冰島出發東航的載貨護航船隊命名為 PQ 船隊，而把蘇聯向西返回的空船隊稱為 QP 船隊。

1941 年 9 月 28 日，由 1 艘重巡洋艦護航的 14 艘商船的 QP-1 船隊從阿爾漢格爾斯克出發。第二天，由 1 艘重巡洋艦和 2 艘驅逐艦護航 10 艘滿載船的 PQ-1 船隊便在冰島解纜。兩支船隊均安全抵達，北極航線從此正式開通。

到了 1942 年春，隨著氣溫轉暖和永夜的消退，北極航線的船隊變得越來越活躍，越來越多的軍火運到了蘇聯。而當時的德軍在對蘇戰場上發現了大量的西方軍火，希特勒意識到北極航線的重大作用，於是下令切斷它。

至此，德國海軍將 4 個潛艇艇群派往挪威海區，而且還增調戰艦「鐵必制號」，戰鬥巡洋艦「沙恩霍斯特號」，重巡洋艦「舍爾海軍上將號」、「希佩爾海軍上將號」、「歐根親王號」進駐北挪威，並且使用德國空軍第 5 飛行團的兩百餘架轟炸機加強海上突擊力量，此時，北極航線上已經殺氣騰起。

PQ-17 船隊

到了 1942 年夏天，德軍機械化部隊在南線突破，越過頓河草原直逼史達林格勒和高加索山，蘇聯戰場危如累卵。而史達林此時又連續三次寫信讓邱吉爾火速開出 PQ-17 船隊，以解燃眉之急。

當時邱吉爾深知北挪威德國海空軍兵力強大，所以遲遲不下開船令。後來連羅斯福總統也看不過去了，親自寫信建議盡快開船，直到此時，英國人才決心開出 PQ-17 護航隊。

英國海軍在 PQ-17 船隊上可謂是煞費苦心。首先是它編隊空前龐大，載貨量也是前所未有；其次，它必須在漫長的遠航中承受住空中、水面和水下的猛烈打擊。為此，PQ-17 護航隊分成三部分：護航隊本身、緊急支援艦隊和打擊艦隊。

而護航隊則由 34 艘商船和直接護航部隊組成，直接護航部隊包括 6 艘驅逐艦、2 艘防空艦、2 艘潛艇、4 艘護衛艦、4 艘獵潛艦和 3 艘掃雷艦，除此之外還有 3 艘救護船和 1 艘補給油船。其任務僅僅是對付敵人的飛機和潛艇，無力與德國重型水面艦艇作戰。

緊急支援艦隊編有 2 艘英國巡洋艦、2 艘美國巡洋艦和 3 艘驅逐艦，英國海軍少將漢密爾頓擔任艦隊司令。

另外，在漫長曲折的挪威海岸線外安排了 9 艘英國潛艇和 2 艘蘇聯潛艇擔任哨戒，主要是監視德艦「鐵必制號」。

作戰與失誤

6 月 27 日，在高緯區的白夜裡，浩浩蕩蕩的 PQ-17 從冰島出發了。北極海喜怒無常，大片流冰擁塞了航道，迫使船隊偏離預定航線。不久之後，3 艘貨船觸礁，後來又被流冰擠破船身，勉強駛回冰島。航程過程中雨雪交

加，PQ-17 在冰粥一樣的海上開行。船結了冰，變成一支銀蠟般的神奇艦隊。積冰太厚，船的重心升高，隨時都有翻沉的危險。水手們奮力除冰，保證遠航。一切正如邱吉爾所言：「氣候和命運殊難預料。」

7 月 1 日，船隊通過了西經 10°線上的揚馬延島，然後開始將航向偏向北，希望能遠離挪威海岸。這個時候，一艘巡邏的 U 艇發現了船隊，用電報通知了北挪威的作戰指揮中心，戰鬥開始了。

分散在挪威海上的德國潛艇立即向 PQ-17 的航線集結，並伺機下手。但 PQ-17 護航隊反潛兵力雄厚，直接進攻顯然占不了便宜，德國潛艇只好耐心地尾隨船隊。幾名大膽的德軍艇長尋機攻擊了船隊，但一無所獲。

之後，德軍指揮中心專門派偵察機偵察護航隊，之後對 PQ-17 的龐大編隊後進行了分析，認為單憑潛艇和飛機是無法吃掉 PQ-17 的，於是決心派出以「鐵必制號」為主力的大型水面艦艇部隊。一小隊德軍 He-115 魚雷轟炸機襲擊了 PQ-17，在猛烈的防空炮火打擊下，也沒有傷及一船。

7 月 4 日，精心謀劃的大規模空襲開始了。位於熊島附近的 PQ-17 船隊遭到一波接一波德國轟炸機和魚雷機的襲擊，戰鬥可謂相當激烈。雖然不斷有德機拖著煙尾墜入冰海，但船隊當中仍然有 3 艘貨船沉沒，1 船負重傷。

5 日，漢密爾頓少將接連收到封鎖「鐵必制」艦的盟軍潛艇發來的電報：「『鐵必制』艦離開阿爾塔峽灣，去向不明。」蘇聯潛艇報告：「『鐵必制』號、『舍爾』號和『希佩爾』號組成的強大艦隊已經駛高挪威，潛艇進行了攻擊，效果不明。」英國潛艇發現：「以『鐵必制』艦為主力的德國艦隊，航向東北，航速 27 節。」

根據這些資訊，漢密爾頓知道，10 小時之後，他的船隊將進入「鐵必制」艦的火炮射程。漢密爾頓連忙電告艦隊司令托維上將，讓他急速趕來。

而此時的托維艦隊從蘇格蘭北方的斯卡帕灣出發，原定同 PQ-17 保持四、五小時的距離，為了保密和誘殲「鐵必制」艦，托維艦隊一直保持著無線電靜默。在接到漢密爾頓急電後，托維計算了兩支艦隊距離，打破靜默告訴 PQ-17：「我們為流冰所阻，不能趕到，一切情況由你全權處理。」誘殲計畫全盤落空，PQ-17 此時反而面臨著全軍覆沒的命運。

PQ-17 的慘劇

令人生畏的是「鐵必制」艦並沒有親自參加屠殺，它截獲了托維給漢密爾頓的「托維艦隊與 PQ-17 始終保持四、五小時的航行距離」資訊之後，為了保全實力，「鐵必制」艦折返南航，回到了北挪威的阿爾塔峽灣。

而之後全部攻擊都是由德國潛艇和飛機單獨或聯合執行的，德國空軍第 5 飛行團的各種轟炸機也乘機屠殺商船，給分散的商船帶來更大的災難。

PQ-17 的命運是北方航線中最為淒慘的一幕，也是第二次世界大戰海運史上令人毛骨悚然的一次死亡航行。作為其代價，24 艘商船永遠埋在了北極海底的泥沙中。

◇知識拓展◇

冰島

冰島是北大西洋中的一個島國，代碼 IS，簡稱冰島，位於格陵蘭島和英國中間，首都雷克雅維克。

地理概念上，冰島經常被視為是北歐五國的一份子。今日的冰島已是一個高度發展的已開發國家，擁有世界排名前十的人均國內生產毛額，以及世界排名前五的人類發展指數。

目前，冰島是聯合國、北大西洋公約組織、歐洲自由貿易聯盟、歐洲

經濟區、北歐理事會及經濟合作暨發展組織的會員國，但是並未加入歐洲聯盟。

西西里島登陸戰〈1943〉——
海防線上的一場惡戰

◇作戰實力◇

西西里島登陸戰作戰實力對比

	師團	兵力	飛機	戰船
英美盟軍	13 個師（10 個步兵師，1 個裝甲師，2 個空降師）	47.8 萬	4,000 餘架	戰鬥潛艇和輔助戰船 3,200 艘，航母 2 艘，戰艦 6 艘
義大利	12 個師	25.5 萬	1,400 架	-

◇戰場對決◇

卡薩布蘭卡會議上的計畫

1943 年 1 月，在卡薩布蘭卡會議上，美英首腦決定在突尼西亞戰役結束之後立即進行西西里島登陸戰，從而消除地中海交通線上的主要障礙，迫使義大利退出戰爭。

1943 年夏天，盟軍在北非沿海港口集中了大量的軍隊，準備執行代號為「哈士奇」的西西里島登陸作戰計畫。當時負責實施這一計畫的是亞歷山大將軍指揮的第 15 集團軍群，下轄有英軍第 8 集團軍和美軍第 7 集團軍，共13 個師。

英國的第 8 集團軍由蒙哥馬利指揮，主要任務是在島東南的敘拉古到帕

基諾地段進行登陸，向美西納前進；美軍第 7 集團軍由巴頓指揮，任務是在島西南的傑拉到利卡塔地段登陸，從而把敵軍分成兩半，並且肅清島西北角的敵軍，當時他們把登陸時間定在 1943 年 7 月 10 日。

驚天大謊 ——「肉餡」計畫

而盟軍在實施登陸計畫之前，又實施了一個代號為「肉餡」的欺騙敵人的計畫。一具看起來非常像盟軍參謀軍官的屍體，手上拿這一個公事包，公事包上寫著「絕密」二字，而公事包內是有關攻打薩丁尼亞島和希臘的文件。這具屍體最後居然漂浮到了西班牙海岸。

當希特勒接到德軍情報部門送來的情報之後，就對盟軍的登陸地點做了錯誤的判斷，認為盟軍會在薩丁尼亞島登陸，所以他把德軍主力調往薩丁尼亞島和希臘。而當時的德南線總司令凱塞林元帥依然認為盟軍極有可能進攻西西里島，於是將德軍的戈林裝甲師和第 15 裝甲步兵師派往西西里島。

進攻西西里島

1943 年 6 月 11 日，為了取得進攻西西里島的前進基地，盟軍在西西里島和北非之間的班泰雷利亞島登陸，一下就俘虜了義軍 1.1 萬多人，也揭開了西西里島戰役的序幕。就在兩天之後，臨近兩個小島的義軍也放下了武器。

盟軍在登陸前對西西里島和卡拉布里亞實施了戰略轟炸，盟軍共出動 4,000 架飛機在登陸前的三週對西西里島上的機場和設施進行了狂轟濫炸。7 月 1 日，盟軍取得了西西里島以及義大利南部的制空權，而德義空軍的 1,400 架飛機只好撤到義大利的中南部和薩丁尼亞島地區。

7 月 5 日，盟軍的攻擊艦隊從北非的奧蘭、阿爾及爾等 6 個港口出發，

運送部隊前往馬爾他島會合。與此同時，英國海軍出動「無敵號」和「無畏號」兩艘航空母艦、6艘戰艦等大型戰艦掩護攻擊艦隊，而且這兩艘航空母艦還佯裝向希臘方向移動，企圖迷惑敵人。

7月9日，盟軍的艦隊在馬爾他島東西兩側進行集結，準備登陸的時候天氣驟變，狂風怒號，德義軍隊放鬆了警惕，認為在如此惡劣的天氣下，盟軍是斷然不會登陸的。可是沒有想到，在10日凌晨2點40分，空降部隊首先發動攻擊，美軍第82空降師和英第1空降師的5,400名官兵搭乘366架運輸機和滑翔機從突尼西亞出發，飛向了西西里島。

10日凌晨3點45分，16萬美英登陸大軍在巴頓和蒙哥馬利的指揮下分乘3,200艘軍艦和運輸船，以及在1,000架飛機的掩護下，從西西里島的西南部和東南部實施登陸。

海岸的義軍士氣低落，僅僅進行了微弱的抵抗。到了中午時分，巴頓和蒙哥馬利的部隊就順利登上了各自的目標灘頭，而且保持著攻擊態勢。

7月11日，西西里島守軍在義軍古佐尼中將的指揮下準備進行反擊。激烈的戰鬥持續了整整一天，德軍坦克幾乎推進到距離美國第7集團軍灘頭陣地不到2公里的地方。

當時巴頓將軍親臨前線指揮美軍奮力反擊，海軍也用最猛烈的炮火攻擊德軍坦克。到了傍晚，德軍已經損失掉了大批坦克，只好進行撤退。就這樣，美軍趁勢攻占傑拉城。12日，東面的英第8集團軍也攻克了敘拉古。

德意軍隊在第一次反攻失敗之後，凱塞林知道大勢已去，只好與盟軍透過混戰來拖延時間，牽制住盟軍，然後通過美西納海峽退至義大利的卡拉布里亞。希特勒完全批准了凱塞林的計畫，並將駐卡拉布里亞的德軍第29裝甲師和駐法國的第1空降師調往西西里島。在加強兵力的同時，德義部隊也

在加緊進行調動，構築了一條從西恩納到卡塔尼亞的堅固防線。

7 月 13 日，蒙哥馬利手下的第 13 軍開始奮力突擊卡塔尼亞，盟軍的 145 架飛機載著英第 1 空降旅 1,900 名士兵從突尼斯出發準備在卡塔尼亞空降，與地面部隊進行配合。

德軍方面以德戈林裝甲師和第 1 空降師進行了頑強的抵抗，結果很明顯，牢牢控制著從卡塔尼亞通向美西納的海岸公路。蒙哥馬利正面進攻受挫，只好讓第 30 軍繞過埃特納火山西側，在美第 7 集團軍的支援下進攻美西納。

巴頓看見蒙哥馬利在戰場上唱主角非常不甘心，他兵分兩路，一路由布萊德利率領美第 2 軍在西西里島中部支援英軍作戰，另一路由凱斯將軍率領一支暫編軍直取西西里首府巴勒摩。

7 月 22 日，美軍不費吹灰之力攻占巴勒摩，俘虜義軍 5.3 萬人。與此同時，蒙哥馬利則在兩個重要方向上陷入了困境，他的第 13 軍被阻於卡塔尼亞，而向西迂迴的第 30 軍也在阿德拉諾地區徘徊不前。

巴頓和布萊德利得知蒙哥馬利受阻的消息，決心要變助攻為主攻，搶在蒙哥馬利之前拿下美西納，從而一洗英國宣傳機器的奚落和咒罵。

布萊德利的美第 2 軍在攻占北部的佩特拉利亞之後，迅速調頭開始東進，沿北海岸公路直撲美西納。

8 月 1 日，艾倫指揮的美軍「大紅一師」向特羅伊納發起進攻。攻擊才剛開始，由於艾倫低估了德軍的兵力和戰鬥力，導致自己傷亡慘重，敗下陣來。而德軍開始死守特羅伊納，與美軍殊死搏鬥了六天七夜才撤離該城。

8 月 5 日，英第 8 集團軍終於攻克卡塔尼亞，開始沿東海岸公路向美西納推進。德軍的迎敵計畫是邊打邊撤，沿途過河炸橋，而且還埋下了數以萬

計的地雷。8 月 10 日，當德義部隊退到美西納附近的時候，由於盟軍沒有切斷美西納海峽，4 萬德軍和 7 萬義軍花了六天七夜的時間，完成了向義大利本土敦克爾克的大撤退。

盟軍內部的小爭鬥

之後，盟軍向美西納的進軍變成了美英兩國軍隊的賽跑。8 月 16 日傍晚，美軍第 3 師的先頭部隊到達美西納城下。8 月 17 日上午 6 點 30 分，美先遣部隊進入美西納。當天，島上的一切抵抗均告停止，西西里島登陸戰結束。盟軍占領了西西里島，從此在地中海往來無阻，打開了登陸歐洲的大門。

◇知識拓展◇

西西里島

西西里島是地中海最大的島嶼，義大利的屬地，整個島嶼成三角形，全島面積為 25,700 平方公里，人口約 400 多萬。

全島東西長 300 公里，南北最寬處為 200 公里，地形以山地、丘陵為主，高處是埃特納火山。島上西北角為巴勒摩港，東北角為美西納港，距義大利本土的卡拉布里亞市只有一條狹窄的美西納海峽相隔，東南角有敘拉古港，整個島嶼是易守難攻。

菲律賓海海戰〈1944〉——
美軍航母大顯神通

◇作戰實力◇

菲律賓海海戰美日雙方軍事力量對比

	航空母艦	驅逐艦	巡洋艦	飛機
美國	15 艘	54 艘	15 艘	894 架
日本	9 艘	22 艘	-	498 架

◇戰場對決◇

小澤艦隊對美軍艦隊的攻擊

從中途島戰鬥的經驗來看，對敵人的艦隊展開搜索，從而發現敵艦隊的位置、動向這是非常關鍵的。為此，小澤艦隊 18 日就派出了 42 架偵察機進行搜索，並且加上馬里亞納方面的情報，在與第 5 艦隊保持距離的同時又獲得了充分肯定的情報。

20 架日機突破重圍，14 架接著又被美軍第 7 支隊的防空炮火擊落，當時有一架天山魚雷機撞在了戰鬥艦「印第安那號」水線附近，但是魚雷並沒有發生爆炸；另外還有 6 架慧星俯衝轟炸機在正午時分對美軍第 2 支隊進行了攻擊，一枚炸彈在「胡蜂號」上空發生爆炸，兩枚炸彈在「碉堡山號」近處的海中爆炸，兩艘艦船都受到了輕微的損失。而第 3 支隊同時也遭到了幾架魚雷機的攻擊，「企業號」成功躲避一枚魚雷，日軍其他飛機則被美國防空炮火打退。

雖然第 58 特遣艦隊的艦載機也取得了對日本艦載機的壓倒性勝利，可

是至始至終都沒有發現小澤艦隊。

美軍潛艇部隊的表演

當第 58 特遣艦隊面對小澤艦隊攻擊卻無法進行反擊的時候，美軍的潛艇部隊則扮演了水下殺手的重要角色。

正當 19 日 8 點美日艦載機還沒有相遇之前，潛艦「大青花魚號」在潛航的時候就發現了小澤艦隊的甲隊，而且攻擊目標也落在了日軍船陣中最大的「大鳳號」航空母艦。上午 9 點「大青花魚號」正要對「大鳳號」發射魚雷時，卻被日軍的水面艦艇發現，並且遭到了攻擊，又加上潛艇當時的瞄準鏡出現了故障，所以只能盲目發射出了 6 枚魚雷之後下潛逃離。

到了中午時分，美軍有名的「竹筴魚號」潛艦同樣也進入了小澤艦隊的甲隊艦群中，當時「翔鶴號」航空母艦因為正在進行收回飛機的作業，所以無法機動迴避魚雷攻擊，「棘鰭號」發射的 6 枚魚雷至少有 3 枚命中「翔鶴號」，一下子讓「翔鶴號」失去了戰鬥力，並且在當日下午 2 點 32 分沉沒。

而在此之前遭受到魚雷命中的另一艘航空母艦「大鳳號」，由於油氣自管內外泄，彌漫了整個航空母艦的艦體。到了下午 3 點，因為油氣的濃度過高，再加上艦內人員的不慎引起了火花，讓艦內燃起大火，同時引爆了彈藥庫，一下子讓「大鳳號」腹部接二連三發生了大爆炸，使小澤不得不放棄自己的旗艦「大鳳號」，而移乘重巡洋艦「羽黑號」離開，但是「羽黑號」的通訊設施遠遠不具備擔任旗艦的能力。同時由於移乘，也造成了暫時的混亂，同日晚間 6 點 28 分，「大鳳號」也和「翔鶴號」一樣，沉沒在了菲律賓海。

日本艦載機飛向馬里亞納

正當小澤損失了自己的兩艘大型航空母艦的時候，日本艦載機正飛向馬

里亞納去攻擊美軍，可是，日方的第三波機群總計 47 架飛機並沒有順利找到目標，在返航途中於 12 點 55 分與第 7 支隊發生了接觸，還有一些日軍飛機曾經飛到了第 4 支隊上空，可是沒有取得任何戰果，而且還有 7 架日機被擊落。

到了 20 日上午，小澤再一次移乘到了所在的甲隊唯一剩餘的航空母艦「瑞鶴號」，此時由於通訊設備改善，下午 1 點小澤終於得知前一天空戰的結果，由於大量艦載機受到損失，小澤僅剩百餘架飛機可以出擊，即使是這樣，小澤仍打算協同陸基航空隊再對美軍進行一次打擊，就在小澤正決斷之時，前衛艦隊司令栗田自旗艦「愛宕號」重巡洋艦向小澤通報：「美第 58 特遣艦隊向己方逼近，距離已不到 300 海里。」

20 日下午 3 點 40 分，「企業號」的一架偵察機發現了小澤的艦隊，這是海戰開戰以來，第 5 艦隊第一次發現一直躲藏在偵察距離外的日軍艦隊。可是時機卻極為尷尬，因為雙方艦隊距離 275 海里，第 58 特遣艦隊如果發動進攻，勢必會讓艦載機面臨危險，進行夜間降落。

米契爾雖然左右為難，但是為了不遺失戰機，依舊發下唯一可能的指令：「出擊！」

4 點 21 分，第 58 特遣艦隊第 1、2、3 支總共派出了 216 架飛機發起了進攻，開啟這場海戰中第 5 艦隊唯一一次的攻勢。

4 點 15 分日軍也發現了美軍艦隊，5 點 25 分甲隊唯一的航空母艦「瑞鶴號」出動了 7 架魚雷機進行攻擊，前衛部隊的栗田中將也因為收到夜戰命令而向東行進，但是日軍還是慢了一步，美軍飛機已經率先趕到了日艦的上空，開始對日艦進行攻擊。

被美機發現之後，小澤下令艦隊向西北各自高速逃脫，甚至還拋棄了補

給艦隊。6 點 40 分，美機抵達補給艦隊的上空，重創了兩艘油輪，兩艦後來都被迫自沉。

隨後一心想找到日本航空母艦的美機群飛到了日本艦隊的上空，在日落前就匆忙展開了攻擊。中型航空母艦「飛鷹號」被一枚魚雷擊中，引發大火，2 小時之後沉沒，而「隼鷹」、「龍鳳」、「千代田」、「瑞鶴」、「伊勢」、「摩耶」也都相繼被炸彈擊傷，其中小澤的旗艦「瑞鶴」最為嚴重。

美軍飛機的悲慘結局

晚上 8 點 45 分，大批燃料即將耗盡的美軍飛機在夜色中回到了艦隊上空。雖然當時米契爾下令整個艦隊不惜冒著被日軍潛艇攻擊的危險也要打開照明設備，這樣航空母艦便能以探照燈直射天空，驅逐艦也能發射照明彈為美軍飛機導航。

可是由於美軍的油料殆盡，加上 200 架飛機同時聯絡艦隊所造成的通訊混亂，導致許多飛行員無視降落信號燈指揮官的指令，就爭先恐後地撲向甲板，結果發生了很多意外。在這一次夜間降落中，美機損失 80 架。更諷刺的是，聯合艦隊的全力進行攻擊只讓日軍損失了 40 架飛機，還不及夜間降落對美軍造成的損失。

晚上 7 點 40 分左右，聯合艦隊長官豐田副武大將向小澤發布了脫離與美軍接觸的命令，小澤便中止「あ號」作戰，決定撤退了。第 58 特遣艦隊追擊也沒有獲得成功，海戰因此結束。

◇知識拓展◇

馬里亞納

在東亞大陸東面的西太平洋，自北向南、由小到大散落著一串明珠，這

就是美屬馬利安納群島（聯邦），英文簡稱「CNMI」，它幾乎與中國、日本和韓國是等距離的。

馬利安納群島由 14 個島嶼組成，主要由珊瑚礁和火山爆發物堆積而成，有人居住的只有塞班島，也是首府所在地，以及天寧島和羅塔島，大約有 8 萬人口，其中包括 2 萬左右的華人。馬利安納群島與所有的大洋島嶼一樣，擁有美麗的陽光、海水、沙灘和熱帶風光。

雷伊泰灣大海戰〈1944〉──
目前為止規模最大的海戰

◇作戰實力◇

雷伊泰灣大海戰美日雙方軍事力量對比

	航空母艦	巡洋艦	戰艦	驅逐艦	飛機
日本	6 艘	59 艘	7 艘	28 艘	大西瀧治郎、福留繁指揮的岸基機
美國	30 艘	20 艘	12 艘	104 艘	1,280 餘架

◇戰場對決◇

不見棺材不落淚的日本軍國主義者

1944 年，第二次世界大戰已經進入了最後決戰階段，太平洋戰場的軍事形勢也發生了根本性的變化

1944 年 7 月 18 日，日本的東條政府已經垮臺，日本海軍在太平洋上的末日已經來臨，但是日本的軍國主義者並不甘心就這樣滅亡。

為此，1944 年 7 月 21 日，日本大本營發布了稱為「捷號」的作戰防禦

計畫，這項計畫主要包含四種作戰方案：保衛菲律賓為「捷一號」作戰方案；保衛臺灣、琉球群島和日本本土南部為「捷二號」作戰方案；保衛日本本土中部為「捷三號」作戰方案；保衛日本本土北部為「捷四號」作戰方案。到了1944 年 8 月初，日本大本營又進一步明確了「捷一號」作戰計畫。這一計畫主要包括陸海行動的兩個部分，海上軍事行動則是關鍵。

當時日本動用了三支艦隊參加了海上行動。第一支是暫泊日本內海的小澤將軍指揮下的第三艦隊；第二支是暫泊新加坡附近林加錨地的栗田將軍的第二艦隊，這是作戰計畫中的主力艦隊；第三支是志摩清英的第五艦隊。

1944 年 7 月末，美國總統羅斯福親自趕赴珍珠港召見尼米茲和麥克阿瑟兩位將軍，之後要求他們盡快發動菲律賓戰役。

1944 年 10 月 17 日，美軍的先鋒部隊首先攻占了菲律賓東部的雷伊泰灣。當時為了支援、掩護後續主力部隊登陸，美軍把中太平洋戰區的第 3 艦隊和西南太平洋戰區的第 7 艦隊全部都集中到了菲律賓的東部海域，結果美軍自恃兵力雄厚，根本不考慮對參戰兵力實施集中統一的指揮，更沒有建立起統一的指揮部，第 3 艦隊和第 7 艦隊仍分屬中太平洋戰區和西南太平洋戰區統轄。

當美軍的先鋒部隊在雷伊泰灣小島登陸之後，日軍的大本營就針對美軍選擇雷伊泰灣作為登陸點，對各艦隊任務進行了詳細的部署。直到 10 月下旬，日本的各艦隊都按照計畫同時向雷伊泰灣進發。

日軍的作戰行動剛開始就受到了挫折。10 月 23 日拂曉，栗田率領的主力艦隊在駛抵錫布延海之前，竟意外遭到美軍兩艘潛艇的攻擊，兩艘重巡洋艦被擊沉，一艘重巡洋艦也受到了嚴重的受損，最後只好在兩艘驅逐艦的護航下返回汶萊。

10 月 24 日上午，美軍的偵察機在錫布延海上空發現了正在海上航行的栗田艦隊。美軍的艦載機隨即對之進行了五批轟炸。下午 3 點多，栗田艦隊的戰艦全部遭到了重創，一艘重巡洋艦喪失作戰能力，一艘超級戰艦被擊沉。遭到此次打擊，栗田艦隊只好改變航向，向後撤退。

當日軍的栗田艦隊從錫布延海上撤走之後，中部戰線就暫時平靜下來，而南方戰線又爆發了蘇里高海戰。

蘇里高海峽殘酷的夜戰瞬間爆發

10 月 25 日凌晨 2 點，日軍主力艦隊所屬的西村艦隊盲目而大膽地駛入蘇里高海峽，結果殘酷的夜戰瞬間爆發。

當時美軍的 30 多艘魚雷快艇對日艦隊兩邊夾擊，日驅逐艦 2 沉 1 傷。但是西村毫不畏懼，率領剩餘的船艦頑強北進。到了凌晨 3 點 38 分，西村的旗艦又被魚雷擊中，西村及旗艦上的全體官兵都沉於漆黑的蘇里高海峽。

由於日軍艦群龍無首，亂作一團。在慌忙之中，日艦又被美軍擊沉了一艘。西村艦隊僅剩下受到重創的一艘戰艦和兩艘驅逐艦，只好趁亂逃跑。

在西村艦隊後面跟進的志摩艦隊，於西村沉沒後 1 小時之後就進入了蘇里高海峽。快清晨 5 點時，志摩發現了美軍艦隊以及受傷逃跑的日艦。美艦先進行攻擊，日軍一巡洋艦受到傷害。志摩一見形勢不妙，急忙命令各艦轉舵，一邊發射魚雷，一邊倉皇撤離。結果志摩旗艦慌不擇路，又與自己受傷的日艦相撞受損。

與南部編隊日軍的慘敗相反，小澤將軍指揮的北部編隊按照預定計畫於 24 日下午 5 點左右，吸引了美國主力艦隊上鉤，從而解除了中部栗田艦隊面臨的被圍殲的危險。

當時美軍以為這就是日本的主力艦隊，可是實際上經過菲律賓海海戰，

日軍航空母艦上的艦載機已經損失殆盡，幾乎失去了作戰能力，所以只能充當「誘餌」了。10月25日上午，小澤艦隊已將美主力艦隊吸引到距雷伊泰灣數百海里之外。美艦載機對小澤的艦隊進行了狂轟濫炸，擊沉一艘驅逐艦，轟炸了兩艘輕型航空母艦，並對一艘大型航空母艦發射了魚雷，致使一艘輕型航母沉沒。

栗田艦隊由喜轉悲

在聖貝納迪諾海峽，栗田的艦隊幾乎沒有碰上任何美軍艦隊，為此他欣喜若狂，立即率領艦隊穿峽而過，直撲雷伊泰灣。但是由於小澤與栗田之間的無線電通訊失去了聯絡，栗田又考慮到美軍主力艦隊就在附近，所以不敢貿然對雷伊泰灣發動攻擊。

後來，經過半天的搜索，栗田居然連美國航空母艦編隊的影子都沒有發現。就在此時，日軍的驅逐艦的燃料已經所剩不多了，而且艦隊與海上和空中的敵人也連續進行了3天的奮戰，顯得疲憊不堪。在這種情況下，栗田決定返回基地。

當晚9點30分，栗田艦隊再次進入聖貝納迪諾海峽，而且以最大航速連夜橫渡錫布延海。這個時候，美軍主力艦隊才如夢初醒，全艦隊開始向南疾駛，希望能夠追上並擊敗日主力艦隊，可是後來，除了擊沉幾艘掉隊的小型艦之外，美軍也沒有達成希望。另一方面，受到沉重打擊的栗田艦隊，最後只剩下4艘戰艦、2艘重巡洋艦、1艘輕巡洋艦和7艘驅逐艦，好不容易逃脫了美艦隊的追擊。至此，歷時4天的雷伊泰灣海戰結束。

◇知識拓展◇

雷伊泰灣

雷伊泰灣，一譯萊特灣，是菲律賓東部的海灣，位於雷伊泰島東部和薩馬島南面，南接蘇里高海峽。入口處為侯蒙洪島，有非常好的良好錨地，地理位置很重要，民答那峨島東岸進入薩馬海的必經之地。

1944 年 10 月日軍和盟軍在此打響了歷史上最大的海戰 —— 雷伊泰灣海戰，在這場戰鬥中方，日軍海軍和空軍戰力殆盡，奠定了盟軍在太平洋戰爭完全勝利的基礎。

「大和號」的最後一次出航〈1945〉——
巨艦大炮主義的輓歌

◇作戰實力◇

日本兩艘主要戰艦的情況

船艦名稱	排水量（萬噸）	航速（節）	主炮	其他設備
「大和號」	6.8	大於 30	9 門 460mm 主炮	大量副炮，140 門大口徑防空炮，7 架艦載機（包括中島 95，0 式等）
「武藏號」	6.4	27	9 門 460mm 主炮	4 座三聯裝 155 毫米口徑副炮，6 座雙聯裝 127 毫米口徑高射炮，8 座三聯裝 25 毫米口徑高射炮，6 架水上飛機

◇戰場對決◇

巨艦大炮主義橫行

在「一戰」結束以後，各國海軍都奉行巨艦大炮主義，而當時的日本海軍為了在太平洋保持絕對的優勢，不惜徵用了日本一批最優秀的造船專家，搜集了幾萬噸的優質鋼材，耗費了巨大的人力、物力、財力，趕在太平洋戰爭爆發以前製造了名氣響噹噹的「大和號」戰艦。

當「大和號」正式下水之後，日本海軍把它看成是自己的軍魂所在，士兵的作戰士氣大增，而「大和號」也自然而然成為了日本海軍聯合艦隊的旗艦。

後來太平洋戰爭爆發，山本大將為了能夠保持戰艦方面的優勢，命令不要輕易出動「大和號」，要等到關鍵時刻再與美國的戰艦進行決戰，結果，「大和號」長期停用，幾千艦員整天無事可做。

到了太平洋戰爭的後期，日本海軍節節敗退，急於動用「大和號」進攻美國的艦隊，可是又總抓不住戰機。

日美海軍的雷伊泰灣決戰

1944 年 10 月，日美海軍在雷伊泰灣進行決戰。「大和號」與「武藏號」一起結伴出發，結果在菲律賓群島附近的錫布延海遭到美艦載機群的空襲。

在美機群的輪番轟炸下，根本找不到空中支援的「大和號」和「武藏號」只能到處躲避，真可謂凶險萬分。

最後，「武藏號」接連中了 36 枚魚雷、炸彈後沉沒在了大海中，而「大和號」被 3 枚重磅炸彈命中，艦身出現了傾斜。

第二天，「大和號」幾經磨難闖入了雷伊泰灣，9 門 460 毫米主炮正準備

攻擊美國艦隊時，粟田中將反而擔心遭遇美機群的攻擊，像「武藏號」一樣沉沒，於是急忙命令「大和號」撤回日本。

至此，「大和號」失去了發揮主炮威力的唯一機會，駛回日本，從此躲在了港灣內，成了廢物。

自殺式的攻擊

1945 年 4 月，美軍發動了沖繩登陸戰，幾千艘美軍戰艦在沖繩島附近海域嚴陣以待。而日本軍部則命令「大和號」起航，強行殺過美國海軍所控制的海域，向沖繩附近海域的美艦隊發起自殺性攻擊，最好能夠在沖繩島的西岸擱淺，用艦上的主炮來對付美國的戰艦，這樣一來 2,000 名艦員就可以登上沖繩島登陸，增援沖繩的日軍。

4 月 5 日，「大和號」戰艦、「矢矧號」巡洋艦和 8 艘驅逐艦組成海上特攻隊，策應「菊水一號」發動自殺性攻擊。

「大和號」的燃油艙容量本來是 6,400 噸，而日本海軍把僅有的 2,500 噸燃油注入「大和號」的油艙，只夠「大和號」衝向沖繩島的單程油耗，由於飛機也是自殺性攻擊，所以對海上特攻隊是沒有任何空中支援的。

1945 年 4 月 6 日，「大和號」在 1 艘巡洋艦和 8 艘驅逐艦的護衛下，離開瀨戶內海基地，通過豐後水道，向沖繩島駛去。

艦隊官兵發現這次出海油料太少而且沒有空中支援，就開始議論紛紛了。艦隊司令伊藤說：「我艦隊乃帝國海軍僅存的戰艦編隊，無法用正常的戰法對付敵艦隊。帝國興廢，在此一戰。」說完，伊藤抽刀劈掉欄杆，大喝：「再敢亂軍心者，斬！」之後官兵們再也不敢議論了。

4 月 7 日上午 8 點，40 架美國偵察機在距離沖繩還有幾小時的海面上，突然發現了「大和號」。

　　「大和號」當時正向南快速航行，於是 300 架美國艦載機立即起飛，輪番撲向「大和號」。

　　12 點 30 分，美機群到達「大和號」上空，當時日艦隊排成菱形，而「大和號」則躲在裡面，巡洋艦和驅逐艦在四周保護，以 26 節的航速向沖繩島駛去。

　　「大和號」艦長有賀幸作海軍少將對伊藤說：「艦隊被發現了，大批美機向我撲來。」

　　伊藤下令：「馬上開火，火速前進！」說話間，美機將大量的炸彈投下，「大和號」劇烈地顫抖起來，伊藤知道在劫難逃了。

　　於是當美機群鑽出雲層，準備發動攻擊的時候，「大和號」上的 24 門高射炮和 156 門機關炮同時開火。其他日戰艦也開始了防空射擊，天空中可謂彈片橫飛。美機衝進彈雨之中，投射了魚雷和炸彈，戰鬥機用機槍向下瘋狂掃射，射殺日艦的炮兵。

　　美機群的攻擊非常凶猛，「大和號」不斷進行大角度躲避，躲開了很多枚魚雷、炸彈。可是後來，美機又進行了輪番的進攻。混戰中，「大和號」中了 5 枚 800 公斤的穿甲彈、10 枚魚雷，另外，「大和號」還中了許多顆小型炸彈。

　　當時伊藤看到堅硬無比的裝甲都被炸成了兩截，而且甲板上到處都是官兵的屍體，就在這個時候，伊藤看見一位軍官從濃煙中跑出報告：「進水達到最高限度，為了阻止戰艦傾覆，必須向右舷輪機室灌水。」

　　伊藤明白，如果灌水，速度就會銳減，無法趕到沖繩。正在猶豫不決之時，防空槍的炮長報告：「艦體嚴重傾斜，無法射擊。」

　　於是伊藤連忙下令朝右舷輪機室灌水。沒料到，右舷又被魚雷命中，右輪機室軍官跑來報告：「艦體太重，已經無法操控了。」

伊藤向有賀下令：「艦首向北！」

有賀大驚，根據習慣，死人臉向北，讓艦首向北，等於棄艦。

「那我們特攻的任務怎麼完成？」有賀問。

伊藤說：「許多事情是不能達到目的，盡力了足矣，通知官兵離艦。」

「閣下先走吧。」有賀勸道。

伊藤苦笑道：「我決定與它共存亡！」說完之後，伊藤就回到艙內，拔槍自殺。有賀命令活著的官兵棄艦。而副艦長野村次郎看到有賀不肯從艦橋上下來，就跑過去拉他。有賀摔倒野村，罵道：「快派官兵離艦，他們應該繼續效忠陛下！」

就在此刻，彈藥艙被引爆，「大和號」發生了一連串的爆炸，野村連忙搶過救生衣跳進大海。沒過幾分鐘，世界上最大的戰艦連同2,000多名官兵就在這一連串的巨響中，沉沒於九州以南、沖繩以北的太平洋。

「大和號」的覆沒，標誌著日海軍全軍覆沒，更標誌著巨艦大炮時代的終結。之後，航空母艦成為了「海戰之王」。

◇知識拓展◇

「大和號」

日本海軍的「大和號」是世界上最大的戰艦之一，在排水量、航速、航程、裝甲厚度、艦炮口徑和射程等方面都遠遠超過了任何戰艦，雄踞世界戰艦之首，是當時噸位最大的戰艦。

1941年，「大和號」正式服役，成為日海軍的驕傲。「大和號」排水量最高達6.8萬噸，主裝甲的厚度超過半公尺厚。「大和號」的水密設計精良，抗擊魚雷和炸彈能力很強。儘管艦體巨大，但「大和號」航速卻超過了30

節，便於駕駛。

「大和號」上安裝了 9 門 460 毫米口徑的主炮，140 門大口徑防空炮和大量的副炮，擁有很高的作戰能力。

「八六」海戰〈1965〉──
小艇戰勝獵潛艇

◇作戰實力◇

「八六」海戰軍事力量對比

中國人民解放軍	4 艘護衛艇，4 艘魚雷艇
中華民國國民黨軍隊	「劍門號」獵潛艦，「章江號」獵潛艦

◇戰場對決◇

國民黨的堅持

自從 1962 年臺灣開始宣導「反攻大陸」，而這一計畫又被中國軍民嚴陣以待的軍事行動粉碎之後，臺灣便再次掀起了以一小股武裝力量襲擊中國的高潮。

但是，在解放軍的頑強抵抗下，不管是空投著陸的武裝特務，還是從海上進行「武裝滲透」的偷襲小隊，甚至是「兩棲突擊」的特種突擊隊，最後都遭到覆滅的命運。

到了 1963 年的下半年，國民黨軍隊又採取了新的招數，國民黨成立了「海上襲擊隊」，在當時也被稱為「海狼隊」，主要是以「海狼艇」在海上破壞甚至襲擊解放軍的艦艇和中國漁民的漁船，企圖在海上打出一條通道，從而

更好地搜集情報以及對中國進行所謂的「心戰」活動。但是，國民黨的「海狼隊」每次行動，都遭到了解放軍海軍的沉重打擊，最後甚至國民黨軍隊的人和船艇皆有去無回，葬身海底。

1965 年，這是國民黨軍隊掀起反攻大陸活動的第四個年頭。在反攻大陸活動初期，國民黨軍隊利用小型船艇進行的攻擊活動接連遭到失敗之後，為了鼓舞士氣，並且擴大影響，從 1965 年下半年開始，國民黨軍隊開始動用大型的海軍戰鬥艦艇，在海上進行更大規模的攻擊行動。

中國人民解放軍海軍的反擊

1965 年 8 月 5 日下午 5 點 45 分，解放軍南海艦隊接到通報：「國民黨海軍的兩艘獵潛艦正由臺灣的左營港出航。」

於是，南海艦隊在得到了國民黨軍派出的兩艘「獵潛艦」出航的情報之後，分析判斷認為，敵艦可能會偷襲東山島或者對中國漁民進行「心戰」等活動。隨即，南海艦隊的指揮員立即向總參謀部上報了「放至近岸、協同突擊、逐一擊破」的作戰方案，最後獲得了總參謀部的批准。

當時由汕頭水警區護衛艇 41 大隊的 4 艘護衛艇、快艇 11 大隊的 4 艘魚雷艇組成的突擊編隊，在汕頭水警區副司令員孔照年和參謀長王錦的帶領下前去迎敵。

8 月 5 日晚上 9 點至凌晨 12 點，解放軍參戰的各編隊艦艇開始起航，駛往預定殲敵海區。8 月 6 日 1 點 42 分，國民黨軍海軍的「劍門」、「章江」兩艘艦艇依靠它們火炮射程遠的優勢，率先開始向解放軍護衛艇開炮，於是孔照年下令「準備射擊」。

由於當時解放軍海軍突擊編隊各艇求戰心切，誤將口令聽成了「射擊」，於是向敵艦猛烈射擊。孔照年見此情況之後，及時下令制止，並且命令艇隊

展開戰鬥隊形準備接敵，當看清敵艦的桅杆時，各艇再一起進行射擊。

就這樣，解放軍海軍突擊編隊連續兩次突擊和抵近射擊，最後壓制住了敵艦的炮火，將國民黨軍隊的兩艦分開。而敵艦「劍門號」一面進行還擊，一面則開始向東躲避；「章江號」當時正被 4 艘護衛艇緊緊咬住，解放軍海軍的護衛艇從距離敵艦 500 公尺的地方向敵艦的同航向進行射擊，直打到 100 公尺之內。這時「章江號」由於中彈起火，慌忙逃竄，而解放軍海軍突擊編隊第 589、601 艇加速衝擊進行堵截，特別是 611 號艇勇猛追打「章江」艦，但是由於這個時候 611 號艇的位置正好位於己方艇隊與國民黨海軍「章江號」艦之間，結果在猛烈的炮火當中，誤被己方炮彈所擊中。接著又被「章江號」給擊中，結果人員傷亡過半，3 部主機被打壞，前艙也進水。但是 611 艇仍然堅持戰鬥。

當時的輪機兵麥賢得頭部被彈片擊中，失去了知覺。但是當他甦醒之後，以驚人的毅力頑強堅守在主機旁邊。

在前面準備堵擊「章江號」的 601 艇，也中彈 4 發。艇長吳廣維頭部不幸中彈，最後倒在了指揮的位置上，直到倒下的那一刻口中還連連喊「打！」。在艇長吳廣維倒下之後，王瑞昌立即接替指揮，繼續與國民黨軍隊進行戰鬥。

後來，國民黨軍隊的「章江號」在解放軍海軍艇隊的連續攻擊下，已經是遍體鱗傷，失去了抵抗能力，最後起火爆炸，於 3 點 33 分沉沒於東山島東南約 24.7 海里處，解放軍海軍的突擊編隊第 611 艇自航返回基地。

在擊沉了「章江號」之後，解放軍海軍突擊編隊又於 3 點 43 分對「劍門號」實施了攻擊。在 5 點 10 分接近「劍門號」艦艇之後，解放軍海軍的各艦艇集中火力進行猛烈射擊，「劍門號」立即中彈起火。5 點 20 分，解放軍的

魚雷快艇編隊第二梯隊在高速護衛艇的掩護下，接近「劍門號」2 至 3 鏈距離時施放魚雷，命中 3 條，「劍門號」隨即沉沒。

這一次戰鬥，從解放軍海軍艇隊出航到返回基地，總共經歷了 12 小時 45 分，與國民黨軍艦戰鬥持續了 3 小時 43 分，取得了中華人民共和國成立以後解放軍海軍最大一次海上殲滅戰鬥的勝利，並且生俘「劍門號」艦長王蘊山等人員 34 名。

◇知識拓展◇

「章江號」獵潛艦

「章江號」獵潛艦是國民黨海軍在 1960 年代的一艘戰鬥艦艇，由於它在 1965 年 8 月 6 日的「八六」海戰中，被解放軍海軍所擊沉，因此被記錄在了中國人民解放軍海軍海戰史中。

以埃消耗戰爭〈1967〉——
導彈擊沉了軍艦

◇作戰實力◇

以埃消耗戰爭軍事力量對比

	軍隊	艦艇	總計
盟軍	埃及海軍	12 艘「黃蜂」級導彈艇，7 艘「蚊子」級導彈艇	21 艘導彈艇
	敘利亞海軍	3 艘「黃蜂」級導彈艇，6 艘「蚊子」級導彈艇	9 艘導彈艇
	以色列海軍	2 艘「火花」級導彈艇，12 艘「薩爾」級導彈艇	14 艘導彈艇

◇戰場對決◇

1967 年 10 月 21 日，在塞得港口以東的曼納灣海域，以色列的「埃拉特號」驅逐艦正沿著海岸進行正常的海上巡邏任務。也許是受到了「六日戰爭」勝利的鼓舞，也許是對自己堅固裝甲的表現過於自信，當時的「埃拉特號」驅逐艦居然無視中東阿拉伯國家中最強大的埃及海軍，不僅自己闖入了埃及的領海，而且還一步步向其重要的軍港塞得港靠近。

到了下午 5 點 30 分左右，「埃拉特號」驅逐艦已經深入埃及領海 19.3 公里，在夕陽的照射下，位於 10 公里之外的塞得港已經清晰可見。

而就在此時，早就做好準備的兩艘埃及海軍的「蚊子」級導彈艇突然向「埃拉特號」發射了 4 枚「冥河」艦對艦導彈，其中有兩發命中目標，「埃拉特號」的艦體立即就傾斜了。

到了晚上 7 點 30 分，埃及導彈艇又繼續向在海面進行掙扎的「埃拉特

號」發射了兩枚「冥河」導彈，又有一發命中艦體。就這樣，「埃拉特號」驅逐艦最後沉入海底，艦上 202 名乘員中 47 人死亡，91 人受傷。

當時埃及軍隊在猛烈炮火的掩護下，越過蘇伊士運河，一舉突破了以色列精心構築的「巴列夫」防線，而與此同時，在海上，一場前所未有的導彈艇交鋒才剛剛拉開了序幕。

以色列海軍的導彈艇與埃及和敘利亞導彈艇之間有過多次相遇，而且還展開了猛烈的對攻，這是世界上第一次導彈艇與導彈艇之間的攻擊作戰。

下午 2 點左右，以色列的 1 艘「火花」級導彈艇和 4 艘「薩爾」級導彈艇高速衝出了海法港，向北進入敘利亞領海，它們的目的是防止敘利亞海軍對以色列海法等港口進行可能的攻擊。5 艘以色列的導彈艇到達敘利亞拉塔基亞港西南 35 公里處的時候，分成了兩個戰術群，嚴陣以待。

當晚 10 點 30 分左右，以軍導彈艇主動出擊並且逼近敘利亞海岸。當以艇發現在距其 20 公里處有一艘敘利亞海軍魚雷艇後，就迫不及待與其交火。

與此同時，以導彈艇又發現了敘利亞的一艘掃雷艇，而沒過多久又發現了一艘「黃蜂」級導彈艇和兩艘「蚊子」級導彈艇正向他們逼近。原來，敘海軍是以魚雷艇作為前哨，掃雷艇充當了幌子，用 3 艘導彈艇從兩翼進行攻擊。在這種情形下，以色列導彈艇只能立即向敘利亞導彈艇衝去。

到了 11 點 20 分，雙方的導彈艇之間的距離已經不超過 40 公里，而以艇更是處於敘利亞導彈艇「冥河」導彈射程之內。於是以艇迅速散開戰鬥隊形，敘艇隨即向以艇發射「冥河」導彈。

但是以色列導彈艇一方面在雷達指示下進行規避行動，另一方面用火炮進行攔阻射擊。只見「冥河」導彈不是落空鑽入大海，就是被以炮火在空中擊毀爆炸，居然無一命中目標。

敘艇發現形勢不妙，準備迅速撤離戰鬥。可是這個時候已晚了。此時雙方導彈艇的間距已接近 20 公里，早就進入了以色列「天使飛彈」反艦導彈的射程。

隨著一陣陣呼嘯聲，「天使飛彈」一枚接一枚從艇上射出，貼著海面直撲敘利亞導彈艇。這個時候，雖然敘艇的雷達也已經發現了以色列導彈的襲擊，但雷達信號很快便消失在海浪的回波之中，根本就無法分辨。

敘利亞導彈艇當時只能透過變向以及變速盲目躲閃，可是以色列的「天使飛彈」卻好像長了眼睛一樣，攔腰直插敘艇。

隨著一連數聲的巨響，3 艘敘利亞導彈艇瞬間便葬身海底。戰鬥一直持續到早上 7 點左右，敘軍的另外一艘魚雷艇及掃雷艇最後還是沒有逃脫覆滅的命運。

在埃及塞得附近，一艘以色列的「薩爾」級導彈艇與埃及 4 艘「蚊子」級導彈艇第一次相遇，雙方旋即展開了激烈的海上導彈戰。結果是以色列導彈艇技高一籌，擊沉了埃及的 3 艇導彈艇，自己卻無一損傷。

以色列和敘利亞導彈艇又再一次在拉塔基亞和塔爾圖斯海面遭遇。以色列的 3 艘導彈艇一面靈活地躲開敘艇發射的導彈，一面又快速向對方靠近，並且用導彈一舉擊沉了敘利亞的兩艘導彈艇和海港內的多艘商船。

結果在短短 6 天的幾次海戰當中，以色列導彈艇先後擊沉埃及導彈艇 6 艘，擊沉敘利亞導彈艇 5 艘、魚雷艇 1 艘、掃雷艇 1 艘及商船若干艘。而以色列方面僅有 3 人死亡、24 人傷，參加戰鬥的導彈艇無重大損失。雖然埃及和敘利亞導彈艇共計發射了有 52 枚導彈，但是卻無一命中目標。

◇知識拓展◇

「六日戰爭」

因持續 6 天而得名，又因始於 6 月 5 日而獲稱「六‧五戰爭」，是阿拉伯國家與以色列之間爆發的第三場戰爭。

這場戰爭導致以色列方面 679 人喪生、2,563 人受傷；阿拉伯國家方面大約 2.1 萬人死亡、4.5 萬人受傷，大約 50 萬巴勒斯坦人淪落為難民。

而以色列國土也由 1947 年聯合國安全理事會第 181 號決議確定的大約 1.4 萬平方公里進一步擴大為 8.77 萬平方公里。

福克蘭戰爭〈1982〉——
英國與阿根廷的生死較量

◇作戰實力◇

福克蘭戰爭英阿雙方軍事力量對比

	人員	艦船	其他裝備
阿軍	4,000 人	「貝爾格拉諾將軍號」巡洋艦，「索布拉爾號」巡邏艇	-
英軍	8,000 人	「征服者號」核潛艇，「雪菲爾號」巡洋艦，「加拉哈德爵士號」登陸艦，「伊莉莎白二世女王號」客輪	重炮 30 門，坦克 20 輛

◇戰場對決◇

沉默的「火藥桶」爆炸

1982 年 4 月 2 日凌晨，世界的焦點在南太平洋的福克蘭群島上。其實，英阿對福島的主權爭議由來已久。

在 1980 年，英國曾經提出可以考慮把福島的主權移交給阿根廷，但卻要求長期租借福島。這一方案不僅遭到了阿根廷的反對，就連英國議會也強烈反對。

到了 1981 年，當時軍人出身的加爾鐵里就任阿根廷總統之後，決心武力收復福島。1982 年 3 月 19 日，幾十個阿根廷人登上了與英國同樣存在主權爭端的南喬治亞島，並且插上了阿根廷的國旗，英國立即調動駐福島的英軍前去威懾。

也就是這一事件促使加爾鐵里於 3 月 26 日下達了提前實施「羅薩里奧」計畫。4 月 2 日凌晨，經過精心策劃的阿軍登陸了福島，並且攻占了機場和港口。緊接著，又用空投的方式讓島上的阿軍總兵力達到了 4,000 人。而當時駐守福島的 200 名英國守軍在進行了所謂象徵性的抵抗之後，片刻便在總督雷克斯・亨特率領下全部投降。

「鐵娘子」發起還擊

在收復了福島之後，阿根廷的國內群情振奮，也把加爾鐵里看成了民族英雄；可是遠在重洋的英國卻是一片蒙羞的感覺。當時英國廣播公司和獨立廣播組織所屬的 3 個全國電視頻道、4 個全國廣播電臺和 39 個地方電臺都中斷了平時的節目，開始反覆播送福島失守的消息，甚至《每日郵報》的頭版頭條也赫然印著兩個黑色大字：「恥辱！」

當時英國的首相柴契爾夫人更是如坐針氈，外交大臣卡林頓等也引咎辭職。4 月 3 日，星期六，英國議會破例召開了緊急會議。在會上，柴契爾夫人說：「我們所以要在這個時候開會，是因為英國的領土主權多少年來第一次受到了侵犯。」「福克蘭群島居民的生活方式是不列顛的，他們是效忠英王的。」為了獲取議會的支持，她發出呼籲：「支持我吧！支持我，就是支持英國！」

4 月 26 日，英國的特混艦隊就首先攻下了南喬治亞島，30 日便完成了對福島周圍 200 海里範圍的海上和空中的封鎖部署。之後，英國國防部宣布從格林威治時間 4 月 30 日 11 點起，所有進入福島周圍 200 海里禁區的飛機和船隻都將遭到攻擊，而此時阿軍也進入最高戒備的狀態。

5 月 1 日，英國特混艦隊在茫茫濃霧中到達了福島以東的海域。一架名叫「火神」的戰略轟炸機經過空中加油，長途跋涉了 5,000 公里，於凌晨 4 點 30 分飛臨福島，之後就投下了 21 枚重達 1,000 磅的炸彈。

5 月 2 日下午，英國的「征服者號」核潛艇在福島 200 海里禁區外 36 海里處，向阿海軍旗艦「貝爾格拉諾將軍號」巡洋艦發射了 3 枚魚雷，兩枚命中目標。在 45 分鐘之後，巡洋艦沉沒，據統計，阿軍官兵陣亡和失蹤 321 人。第二天，英國又在福島北側用「海鷗」式的導彈擊沉了阿軍的「索布拉爾號」巡邏艇。面對這一系列輕而易舉的勝利，英國官兵開始沾沾自喜，可是他們不知道，一場災難正悄悄向他們襲來。

「飛魚」讓英國人吃盡了苦頭

面對英軍咄咄逼人的攻勢，加爾鐵里想到了從法國購買的 5 枚「飛魚」導彈。

5 月 4 日上午 11 點左右，英國的「雪菲爾號」巡洋艦正悠閒地在福島附

近海域巡邏,當時這艘巡洋艦號稱英國皇家海軍「最現代化的大型軍艦」,才剛剛服役 7 年,而且還具有非常先進的雷達系統,只要阿根廷的飛機從大陸起飛,都逃不過它的「眼睛」。所以當時艦上的英國官兵非常鬆懈,有的在洗衣服,有的在閒談。

可是,這個時候在 300 公里之外,已經鎖定了「雪菲爾號」巡洋艦的阿軍「超級軍旗」戰鬥轟炸機正攜帶著兩枚「飛魚」導彈悄悄起飛了。飛機在接近「雪菲爾號」雷達警戒區的時候陡然下降到了四五十公尺的高度,之後就關閉了機載的雷達繼續飛行。

12 點 20 分左右,「超級軍旗」已經順利進入了導彈的有效發射區,在距離「雪菲爾號」32 公里處,兩枚「飛魚」導彈帶著阿根廷人復仇的怒火發射了出去。其中有 1 枚「飛魚」成功躲過了英軍的防空系統並準確命中了目標。巡洋艦燃起了大火,官兵拚命搶救了 5 個多小時之後,不得不棄艦逃生。就這樣,造價高達 1.5 億美元的「雪菲爾號」被造價才不過 30 萬美元的「飛魚」導彈給擊沉了,這也給當時驕傲自大的英軍一記沉重的打擊。

5 月 25 日這一天是阿根廷的國慶日,而這一天阿軍也向英軍發起了大規模的空襲行動。兩架攜帶「飛魚」導彈的「超級軍旗」戰鬥機從阿根廷本土起飛,向當時在福島東北海面 100 多海里的英國航空母艦飛去,他們的目的就是要炸毀英軍的航母。當接近預定目標的時候,阿軍的飛行員發現飛機雷達的螢幕上出現了一個大的脈衝亮點,飛行員判定這就是英軍的航空母艦,於是毫不猶豫地按下了導彈的發射按鈕。兩枚「飛魚」導彈同時向敵艦飛去,其中一枚準確擊中了目標。就在一陣強烈的爆炸聲後,英國航空母艦就慢慢沉入了海底。但是事後阿軍才知道,他們炸沉的這艘英艦並不是英國的航空母艦,而是一艘名為「大西洋運送者號」的運輸艦,其體積和航空母艦大小

相仿。儘管如此，英軍還是遭受了重創，僅有的 4 架「契努克」大載重量直升機中的 3 架、1 個中隊的「威塞克斯」支援直升機、大量的補給物資和設備都被炸沉了。

受到接連打擊之後，英國人漸漸意識到「飛魚」導彈的厲害，於是伍華德下令將所有的艦船都撤離到離福島和阿根廷海岸較遠的地方，以免受到新的攻擊。

後來為了澈底擊垮阿軍，英軍從 5 月 27 日開始實行了登島作戰計畫。5 月 29 日，英軍攻占了非常重要的達爾文港，斃傷阿軍 250 人，俘獲 1,400 人，而且還繳獲了大批彈藥和其他軍需物資。

在之後的交戰中，阿軍節節敗退。13 日晚，英軍再次發起進攻，到了 14 日中午，英軍已經推進到距離市區大約 4 公里的地方，阿根廷港的上空也掛起了白旗。午後，雙方戰地司令官會晤，達成非正式停火協定。至此，歷時 74 天的福克蘭戰爭終於結束。

空戰篇

華東大空戰〈1937〉——
抗戰初期中國空軍抵抗日空軍

◇作戰實力◇

華東大空戰軍事力量對比

	空軍	戰鬥機（中隊）	偵察機（中隊）	輕轟炸機（中隊）	重轟炸機（中隊）	轟炸機、偵察機混合（中隊）	總計（架數）
中國		-	-	-	-	-	600 多
日本		20	15	6	8		900 多
	海軍	航空隊（個）	裝備陸基飛機（架）	艦載機（架）			
日本		10	629	182			
中國		-	-	無			

◇戰場對決◇

以寡敵眾，風雲突起

1937 年 8 月 9 日，日本海軍上海特別陸戰隊西部派遣隊中尉隊長大山勇夫和一名士兵駕車高速闖入上海虹橋機場挑釁。當時守衛機場的中國保安隊官兵經過勸阻，可是二人不聽，最後只得將兩人擊斃。

日軍以此為藉口，向中國政府提出了無理要求，遭到拒絕後，日本海軍陸戰隊於 8 月 13 日凌晨突然向駐守上海閘北的中國守軍發起進攻，淞滬大戰由此揭開帷幕。

當時日軍侵華的主要工具是陸、海軍部隊,這些部隊雖然人數不多,但是訓練非常有素,裝備精良,特別是陸軍航空隊和海軍航空隊,更可以說是一馬當先,成為日軍侵華的急先鋒。

上空上演著一場驚險的大戰

1937 年 8 月 13 日,上海的地面戰鬥已經全線展開。下午 2 時,中國航空委員會在南京下達了《空軍作戰命令第一號》。

8 月 14 日凌晨,中國空軍的各部隊奉命進行出擊,拉開了華東大空戰的序幕。

3 點 30 分,第 5 大隊第 24 中隊的中隊長劉粹剛首先率領 9 架「霍克 -3」式驅逐機從揚州起飛,沿著長江向東搜索。當他們飛到川沙縣白龍港附近時,發現了 1 艘日艦,於是立即發起攻擊。第 1 枚炸彈炸偏之後,副中隊長梁鴻雲又投下了第 2 枚炸彈,擊中日艦尾部,日艦立刻騰起滾滾濃煙。

8 點左右,第 2 大隊副大隊長孫桐崗帶領 21 架「諾斯洛普」式轟炸機從安徽的廣德機場起飛,之後轟炸了吳淞口的日艦及公大紗廠、匯山碼頭等地的日軍據點。9 點多,第 5 大隊丁紀徐大隊長率領 8 架驅逐機出擊,在南通附近又擊中日軍的一艘驅逐艦。

下午 2 點多,劉粹剛再次帶領 3 架驅逐機飛往上海攻擊日軍據點。梁鴻雲駕駛的 2410 號飛機被一架躲在雲層中的日機擊中,梁鴻雲背部和腹部多處中彈,但是他仍忍著劇痛把分機安全降落在了上海虹橋機場。後來,梁鴻雲因傷勢過重,於當日下午 5 點殉國。

14 日這一天,杭州地區突然下起了大雨,烏雲蔽空。8 點整,出動命令終於下達:「前往上海攻擊日軍軍需倉庫『公大紗廠』」。

第 35 中隊中隊長許恩廉決定先率姜獻祥、柯紹廉駕駛的 2 架「新可塞」

飛機順滬杭鐵路向東北飛行。

開放式的座艙讓這 6 位飛行員全身溼透，擋風玻璃與飛行眼鏡更是一片模糊，能見度極低。當他們到達嘉興時，雲層高度不到 90 公尺，飛機為了能夠按照鐵路線飛行，只好把高度降低。後來姜獻祥乾脆將眼鏡摘下，任鐵粒般的雨點擊打著身體。

由於能見度太差，繼續飛行危險性極大，許恩廉決定返航，飛機成 180 度向後折回。等到下午 2 點 40 分時，大雨雖然還是下個不停，但是雲層已經升高，許恩廉率原班人馬再度出發。這一次，許恩廉等人不辱使命，成功予以日本海軍重創。

勇奪制空權

「八一四」空戰後，日本海軍不甘心在杭州上空的慘敗，於是在第二天對中國空軍展開了大規模的報復行動。

7 點 20 分，鹿屋航空隊 14 架攻擊機從臺北出發，一路殺向南昌機場。9 點 10 分，木更津航空隊 20 架攻擊機從大村機場出發，襲擊了南京大校場和明故宮機場。除此之外，「加賀號」航空母艦上的 16 架九四式艦載轟炸機、13 架九六式艦載攻擊機、16 架八九式艦載攻擊機也飛往浙江喬司、紹興、筧橋、嘉興等機場進行轟炸。

由高志航率領的第 4 大隊的勇士們從筧橋機場起飛，準備迎戰從「加賀號」航母上飛來的敵艦載機群。

這一天，筧橋上空黑雲滾滾，雲高只有 500 公尺。日軍的轟炸機從雲下飛來。高志航發現日機後，猛撲過去，一舉就將日軍的領隊長機擊落。之後，他又緊緊咬住一架日機，決定迫其降落，活捉飛賊。

高志航機警逼近日機後方，與日機幾乎是平行飛行。他打著手勢，命令

敵飛行員迫降投降。可是敵人就是不肯就範，還突然拔出手槍向高志航射去，子彈打傷了高志航的右臂。他強忍著傷痛，瞄準敵機，機槍噴出復仇的火舌，最終將這架日機打得凌空開花。

從 8 月 14 日到 8 月 31 日，在歷時半個多月的空戰中，中國空軍共空襲了 67 次，空戰 12 次，擊落日機 61 架，擊中日艦船 10 艘，但是自己也損失了 27 架飛機。

進入 9 月，由於日軍地面進攻進展較順利，日軍先後在上海的公大、王濱等地搶修了前進機場。而中國空軍經前一階段作戰，損失了大量飛機，且難以補充，形勢顯得越來越不利，中國飛機已無法在白天出擊了，只能被迫執行夜襲和擔任南京城及各機場的防空任務。

中蘇勇士為了南京城而死戰

9 月 19 日，惱羞成怒的日本海軍航空隊又發起了凶狠的報復，當天就對南京實行了兩次空襲。

在 9 月分的中下旬，日軍差不多每天都出動幾十架飛機轟炸南京城，讓這一座有著悠久歷史的古都南京陷入到一片火海之中，中國軍民遭到慘重損失。

在此期間，中國空軍雖然處於劣勢，但是仍頑強地起飛迎戰日機，共進行空戰 15 次，擊落日機 20 架，但自己也損失飛機 36 架。

進入 10 月以後，日軍仍然沒有放鬆對南京的進攻，連續不斷地對南京發動空襲。10 月 6 日下午，日本海軍第 2 聯合航空隊 18 架飛機飛臨南京後發現沒有中國空軍的抵抗，變得更加猖獗，投彈之後還在空中作特技飛行，以炫耀武力。

中國空軍第 5 大隊第 24 中隊的中隊長劉粹剛見此情景後，怒不可遏，

單機起飛,迎戰眾敵。不一會兒,一架不可一世的日機就倒栽蔥似地墜到田野裡。數萬南京市民看到這一精彩場面後,不禁為劉粹剛的奮勇歡呼喝彩。

10 月 12 日午後,日軍轟炸機在 6 架戰鬥機掩護下再犯南京。中國空軍 5 架「霍克」式、2 架「波音」式驅逐機和 1 架「菲亞特」式轟炸機升空迎敵。

在 11 月至 12 月上旬的南京保衛戰中,中、蘇飛行員共擊落日機 20 架,並對侵犯南京的日軍實施了多次襲擊,但是終因敵我力量懸殊,在日軍進入南京的前夕,中軍奉命撤往內地機場。至此,空前激烈的華東大空戰也落下了帷幕。

◇知識拓展◇

空軍作戰命令第一號

1937 於 8 月 13 日召開緊急會議,並且以空軍總指揮周至柔和副總指揮毛邦初的名義,於下午 2 點,發表了《空軍作戰命令第一號》,內容如下:

一、上海之敵,約陸軍 7,000 人,憑多年暗中建築之工事,及新近集中之大小兵艦約 30 艘,有侵占上海,危及我首都之企圖。連日以來,敵水上偵察機 2 架或 3 架,陸續偵察我寧波、麗水、杭州、阜寧、海州諸地,其有無航空母艦在遠海游弋,我正偵察中。

二、空軍對多年來侵略之敵,有協助我陸軍消滅盤踞我上海之敵海陸空軍及根據地之任務。

三、各部隊應於 14 日黃昏以前,祕密到達準備出擊之位置,完成攻擊一切準備。

四、各部隊之出擊根據地如下:

第九大隊　曹娥機場

第四大隊　筧橋機場

第二大隊　廣德機場、長興機場

暫編大隊　嘉興機場

第五大隊　揚州機場

第六大隊第三、五隊　蘇州機場　第四隊　淮陰機場

第七大隊第十六隊　滁縣機場

第八大隊　大校場機場

第三大隊第八隊　大校場機場　第十七隊　句容機場

五、各部隊於明（14日）日開始移動，以下午4點至6點到達根據地為標準，其由現駐地出發之時間，由大隊長定之，已駐在根據地之部隊，可就地休息準備。

六、各大隊可以大隊或中隊成隊航行，但須避開省會及通商大鎮，第四大隊可在蚌埠加油。

七、每飛行員可帶極簡單之寢具。

八、到達後須迅速報告。

九、出動開始日時刻另行命令。

十、各大隊長（第七大隊長除外）於14日下午2點到京，面授機宜。

十一、地點在南京航空委員會

空軍總指揮　周至柔

副總指揮　毛邦初

奇襲松山〈1938〉——
中國空軍精心策劃的空戰

◇作戰實力◇

奇襲松山軍事力量對比及損失情況

	參戰情況		損失情況	
	飛機	武器裝備	人員	飛機
蘇聯	28 架「圖波列夫」SB 轟炸機	280 枚炸彈	0	0
日本	-	-	-	炸毀日軍飛機 40 多架，受到破壞的戰機更是不計其數

◇戰場對決◇

日本戰機進松山飛虎隊員急支援

在 1938 年 2 月初，日軍為了增援上海附近的部隊，派遣了大批戰機進駐臺北的松山機場。在當時，勢單力薄的中國空軍能夠苦苦支撐戰局已經非常不容易了，長距離飛行去奔襲松山機場更是無從談起。在無奈之下，蔣中正只好向蘇聯的「飛虎隊」求助。

2 月 22 日，蘇聯「飛虎隊」轟炸機中隊長波留寧上尉接到了緊急任務：「次日對臺北松山機場進行轟炸，這次轟炸沒有戰鬥機護航，要求選擇最短的航程，返航時在福州加油。」

當時對蘇聯「飛虎隊」來說，轟炸臺北可謂是一個令人生畏的目標。因

為漢口距離臺北的航程超過 1,000 公里，而這正好也是「圖波列夫」SB 轟炸機的極限飛行距離。

更何況松山機場處於群山圍繞之中，地形隱蔽，防衛森嚴，轟炸機在這樣的情況下執行轟炸任務是很容易發生意外的。但是，蘇聯的「飛虎隊」並沒有膽怯，波留寧上尉更是覺得這個風險值得一試。因為蘇聯飛行員對缺少戰鬥機護航的強行轟炸早就習以為常，而且「圖波列夫」SB 轟炸機的速度優勢還是非常明顯的。

在之後召開的作戰會議上，中隊領航員菲德魯克大膽提出了具體的方案，轟炸機群在 4,000 ～ 4,800 公尺高空飛行，這樣就可以增大航程，機群從北面越過臺灣，再向南下降至 3,600 公尺空域，隱蔽臨空轟炸，順勢即可折返中國。

保密工作做到位奔襲前後多波瀾

2 月 23 日凌晨，天還未亮，漢口機場就已經忙碌起來。這次行動採取了非常嚴格的保密措施，轟炸的目的地也只有極少數人知道，而且還故意傳遞出假情報迷惑日軍。當時密布在漢口的日本間諜就收到傳言說，轟炸機準備轟炸安慶江面上的日本軍艦。

2 月 23 日 7 點，28 架轟炸機組成的轟炸機群升空至 4,800 公尺進行編隊。這個高度耗油量較少，但是飛行員卻要長時間忍受低溫和缺氧的折磨。

經過數小時的飛行，臺灣海岸線隱約可見，機隊沿臺東山脈南飛。厚厚的雲層讓波留寧上尉非常擔心，因為要想在這樣的能見度下做到準確轟炸，就必須冒險在山區降低高度。

「我們已接近目標，等待命令，上尉同志。」機隊的領航員此時已經確定了目標方位。忽然間，波留寧上尉發現雲層之間有一處空隙，於是他立即發

出指令：**轟**炸機迅速衝出，減速準備俯衝。

當時所有人都非常警惕地注視著周圍的動靜。但幸運的是，松山機場上空沒有任何敵機，更沒有防空炮火，地面上也沒有異常情況。只見成排的日本戰機都非常整齊地排列在跑道的一側，而另一側則是巨大的油庫、機房。當時狂妄的日軍竟然沒有進行任何的戰術偽裝，這讓蘇聯的飛虎隊員簡直不敢相信。

長途奔襲創紀錄，戰果輝煌奏凱歌

就這樣，第一批炸彈非常精準地落入機場中央，爆炸聲撼動了整個基地。當時有幾架日本的戰鬥機妄圖掙扎著滑跑起飛，卻被四濺的飛機碎片打個正著。接著，油庫也發生了爆炸，火柱沖天而起，機場四周到處都籠罩在黑煙與火光之中。

轟炸機群在投彈了 280 枚後就從容返航了，無一損傷。在這一次轟炸中，蘇聯「飛虎隊」總共炸毀日軍飛機 40 多架，受到破壞的戰機更是不計其數。

之後，日本駐臺灣的總督立即被召回國，而松山基地的指揮官也都自殺謝罪。

就在 7 個小時之後，轟炸機群陸續返回了漢口機場。此時天色已暗，沒過多久，附近的老百姓就知道了蘇聯「飛虎隊」遠距離去轟炸臺北松山機場，而還獲得了輝煌戰果的消息。

結果慶祝的人群擠滿了街道。第二天，宋美齡和國民黨空軍司令舉行了隆重的慶功宴。宴席的高潮是在結尾的時候擺上了一個碩大的蛋糕，上面醒目地塗著兩行紅字：「向工農紅軍志願飛行員致敬！」

對於蘇聯援華的飛行員來說，真正讓他們感到光榮的是 2 月 22 日，這

天正好是紅軍建軍 20 週年紀念日，他們創造了一個遠距離轟炸的世界紀錄，向世界人民展示了蘇聯「飛虎隊」的神威與勇猛。

◇知識拓展◇

臺北松山機場

是臺灣交通部民用航空局臺北國際航空站與臺灣國防部空軍松山基地共用的中型機場，位於臺北市松山區敦化北路末端，以民權東路及民族東路與市區相隔。由於位於臺北市松山區，又稱為松山機場、臺北機場或松機。由於夏季暴風雨和颱風的影響，松山機場在夏日午後很容易形成空氣對流，較低的雲層常影響飛行。

最早興建於日據時期時為軍方專用機場，二次大戰結束、國民政府接收臺灣後改為軍民共用，也曾開設「臺北-上海」航班。

1949 年國民黨政府撤守到臺灣後，松山機場也逐漸擴建，以應付逐漸成長的島內和島外航班。松山機場雖然歷經多次擴建和改善工程，但都因為腹地過小而成效不彰。交通部民用航空局在以臺北近郊為考量的狀況下，於 1969 年正式選定中華民國空軍桃園基地西側埤塘區域空地，以興建新的大型國際機場，即後來的中正國際機場，成為 1970 年代臺灣十大建設之一。

1979 年中正國際機場開放後，松山機場也改為島內航班專用機場。2006 年 10 月，中正國際機場更名為臺灣桃園國際機場。

飛奪埃本 - 埃美爾要塞〈1939〉 ——
第一次使用滑翔機作戰

◇作戰實力◇

德軍飛奪埃本 - 埃美爾要塞軍事力量

梯隊	分隊	代號	隊長	任務	武器裝備	兵力
第1梯隊	第1分隊	「花崗岩」	威其格中尉	奪取和破壞要塞表面陣地	輕武器和2.5噸炸藥，11架滑翔機	85人
	第2分隊	「水泥」	沙赫特少尉	奪取弗羅恩哈芬橋	11架滑翔機	96人
	第3分隊	「鋼」	哈特曼中尉	奪取費爾德韋茲爾特橋	9架滑翔機	92人
	第4分隊	「鐵」	施勒希特少尉	奪取坎尼橋	10架滑翔機	90人
第2梯隊	-	-	-	增援第1梯隊襲擊要塞的分隊	容克斯 -52飛機	300人

◇戰場對決◇

委以重任的「花崗岩」突擊隊

德軍一直以來都沒有放棄對埃本 - 埃美爾要塞的興趣，從 1938 年起，德軍就開始搜集要塞的相關資料，到了 1939 年已經獲得了要塞內部的詳細設計圖，並且悄悄對這個堅固的防禦體系進行了認真的研究。

而且為了找到摧毀要塞的特殊方法和進行襲擊的準備，德軍於 1939 年

秋天開始仿造了兩個埃本 - 埃美爾要塞。

到了 1939 年 10 月下旬的一天，希特勒親自召見了科赫。只見希特勒走到一幅大地圖前，指著埃本 - 埃美爾要塞說：「一定要把這個要塞拿下來，還要奪取坎尼、弗羅恩哈芬和費爾德韋茲爾特等地的阿爾伯特運河上橋梁。」

說完之後，希特勒就撥給科赫的部隊傘兵第 1 團的一個加強連，當時一些工兵說這次進攻需要容克斯 -52 飛機和滑翔機，希特勒命令科赫馬上進行準備。於是，由科赫上尉擔任隊長的、專門執行襲擊埃本 - 埃美爾要塞任務的空降突擊隊就成立了。

當時科赫根據要塞的地形特點，他計劃使用滑翔機將突擊隊直接降落到要塞上面。而所使用的滑翔機是德國空軍性能優良的 DS-230 式滑翔機，這也是德軍為了執行空降突擊任務，在幾年之前就已經研製出來的了。

當科赫接受了任務之後，又對埃本 - 埃美爾要塞作了非常認真的研究。當時他還在格拉芬弗爾對要塞模型進行了詳細的觀察，熟記了各種照片和地圖，並且利用偵察飛行從空中對要塞進行了實地觀察。

之後，科赫親自把他的計畫呈送給希特勒，沒想到得到了元首的完全贊同。之後科赫便開始制定具體的作戰計畫。他把部隊分成了 4 個分隊，每個分隊大約 100 人。各分隊的任務都非常明確，1 個分隊負責突擊要塞，其餘的 3 個分隊主要負責奪占阿爾伯特運河上的 3 座橋梁。

根據這些設想，從 1939 年 11 月至 1940 年 4 月這半年時間裡，科赫率領他的部隊在遙遠的、靠近捷克舊邊界的格拉芬弗爾訓練基地進行了極其艱苦和緊張的訓練。

科赫的突擊部隊在訓練結束之後，就開赴到科隆的厄斯特哈姆和布茲韋勒哈爾機場待命。由於當時保密工作做得非常好，就連機場部隊的指揮官也

不知道為什麼突然多了這麼多的滑翔機。

當時德國陸軍總司令部將兩線戰役的開戰時間定於凌晨 3 點，而滑翔機要準確降落在指定地點，駕駛員就必須看清楚地形才行。也就是說，在滑翔機進入目標的決定性時刻，一定要天色微明，為此科赫特意提出了要求：「機降突擊時間最晚也要和陸軍相同，如果可能的話，最好能夠在全面進攻開始前幾分鐘。但是，必須等到曙光初升的時刻，如果是凌晨 3 點，那天色太黑了。」

祕密出擊

1940 年 5 月 10 日 4 點 30 分，41 架容克斯 -52 飛機拖著 DS-230 型滑翔機從科隆的厄斯特哈姆和布茲韋勒哈爾機場起飛，這是戰爭史上第一次極其大膽的作戰行動。

在空中，滑翔機被拖曳著向前滑行，很快起落架的震動聲就消失了，眨眼之間滑翔機便一架一架地飛越了機場圍牆，跟著容克斯 -52 飛機不斷爬升。就這樣，大約每過 30 秒鐘，便有一個三機組拖著滑翔機騰空而起。幾分鐘後，41 架容克斯 -52 飛機都安全升空。

儘管天色漆黑，而且還拖曳著沉重的滑翔機，但是運輸機並沒有出現任何問題。這些飛機在科隆南部的綠色地帶上空的集合點匯齊之後，就開始向西沿著一直延伸到國境線的「燈火走廊」飛行。

突然，「花崗岩」突擊分隊的一架飛機的機長發現自己的右前方有一片青煙，這就意味著在同一高度可能還有一架飛機，而且雙機馬上就要相撞。面對這突如其來的情況，他只能不顧後面還拖著的一架滑翔機，猛推機頭向下俯衝。這時，滑翔機駕駛員也已經感覺到升降舵變得沉重起來，他拚命想把升降舵保持在原來的位置上，但是只聽見「叭」的一聲，座艙的擋風玻璃好

像被鞭子狠狠抽了一下。原來，由於剎那間的壓力增加，牽引繩斷了。

　　這架滑翔機只好戴著突擊隊員又飛回科隆。而且更加糟糕的是，當時突擊埃本 - 埃美爾要塞的第 1 分隊隊長威其格中尉就在其中。

　　之後不幸的事情又發生了，在 20 分鐘後，「花崗岩」突擊隊又有一架滑翔機掉隊了。這樣，「花崗岩」突擊隊就只剩 9 架飛機了。他們最後終於在阿亨和勞倫斯貝格連接線西北的費喬烏山上看見了最後一座燈標，這也意味著他們已經到了「分手點」。為了不讓比利時軍隊發覺飛機引擎的聲音，滑翔機將從這裡開始進行單獨滑翔，隱蔽地飛越荷蘭的馬斯垂克。

　　當時根據科赫上尉的預計，為了克服逆風的影響，要準備多飛 8 到 10分鐘。但是沒有想到這一天正好是順風，而且風力比氣象站預報強得多。結果這些飛機飛到預定地點的時間比預想的早了 10 分鐘。當初為了讓這次奇襲圓滿成功，原計畫是在發起總攻前 5 分鐘，突擊隊先在埃本 - 埃美爾要塞開火，可是現在這種想法已經無法實現了。

　　也正是由於風向的原因，滑翔機的飛行高度過低，只有 2,000 ～ 2,200公尺，原計算到「燈火走廊」盡頭時，飛機的高度必須要達到 2,600 公尺，因為只有保證達到這個高度，滑翔機才能夠以適當的滑行角度飛抵目標。

　　但是當時由於沒有達到這一規定的高度，於是容克斯 -52 飛機的飛行員就又把滑翔機向前多拖了一段，不料竟跑到了荷蘭上空。

　　他們的本意是想幫助滑翔機彌補高度不夠帶來的問題，沒想到卻幫了倒忙。因為容克斯 -52 飛機引擎的聲音等於向荷蘭和比利時軍隊發出了警報。當滑翔機剛剛脫離了容克斯 -52 飛機，就遭到荷蘭軍隊的炮擊，輕型高炮的炮彈從四面八方飛來。幸虧滑翔機駕駛員駕駛技術純熟，靈活躲開了炮火，沒有一架飛機中彈。

就在這時，滑翔機利用微明的天色悄悄從側後進入，降落了下來。奪取要塞表面陣地的突擊分隊的 9 架滑翔機，一架接一架地降落在長滿雜草的要塞頂部的預定地點滑行著陸。

由於滑翔機都帶有減速裝置，著陸後只滑行了 20 公尺。當比利時的哨兵看見這群幽靈似的「巨鳥」突然降落在他們跟前，一個個都被嚇傻了，竟然忘記發出警報。

結果，突擊隊員和駕駛員從滑翔機上下來，按預定計畫展開突擊。在帶著大量炸藥的工兵帶領下，他們直接朝著爆破目標衝去。

突擊隊經短暫的戰鬥，不到 10 分鐘就炸毀和破壞了要塞頂上的所有火炮和軍事設施，突擊隊控制了要塞的表面陣地。

而奪取 3 座橋梁的突擊分隊的滑翔機也都按計畫分別在橋的西端著陸，從哨所背後出其不意地向橋梁猛撲過去，一舉完成了作戰任務。

◇知識拓展◇

DS-230 型滑翔機

這種軍用滑翔機由漢斯‧雅克布斯設計製造，並命名為 DS-230 型。1937 年，DS-230 式滑翔機在哥達車輛廠投入成批生產。這是一種帶支架的上單翼機，長方形的機身採用的是用亞麻布蒙著的鋼管結構。

機長 11.3 公尺，翼展 22 公尺。起飛後扔掉特大的機輪，著陸時使用一個堅固的金屬滑橇。這種滑翔機自重 900 公斤，能載 1 噸重的貨物，相當於可以乘載 10 名全副武裝的士兵。由於它的著陸速度低，可達每小時 50 多公里，因此很受空降部隊的青睞。

英倫空戰〈1940〉──
以少勝多的空戰典範

◇作戰實力◇

英德軍事實力對比

英國	戰鬥機	名稱	數量（艘）	火炮	名稱	數量（門）	其他戰鬥設施	名稱
		「颶風」和「噴火」戰鬥機	688		高射炮	4,000多		攔阻氣球 1,500 餘個
		其他戰機	292		大口徑高射炮	不足 2,000		探照燈 2,700 具
		總計	980		總計	6,000左右		雷達站 51 座

德國	戰鬥機	戰鬥機類別	架數
		梅塞施密特 -109 戰鬥機	933
		梅塞施密特 -110 戰鬥機	375
		容克斯 -87 俯衝轟炸機	346
		容克斯 -88，亨克爾 -111，道尼爾 -17	1,015
		「斯圖卡」戰鬥機	-
		總計	2,669

◇戰場對決◇

　　1939 年 9 月 1 日，納粹德國發動對波蘭的進攻，第二次世界大戰爆發了。1940 年 5 月，德軍翻越了亞爾丁山脈，繞過馬其諾防線進入法國領土。

納粹德國的鐵蹄很快就將脆弱的法蘭西抵抗力量碾得粉碎。在 6 月 22 日這一天，法國投降了。然而，英國卻成功用軍艦、商船、漁船等渡海工具從敦克爾克撤回了遠征軍以及法國抵抗力量 30 多萬人，從而使英國擁有了令納粹德國感到不安的軍事實力。

空軍首戰失利

1940 年 7 月 16 日，希特勒發出了準備進攻英國的 16 號指令，也就是所謂的「海獅計畫」。當時把時間定在 8 月 5 日前後，對英國進行空中打擊，然後根據空中打擊的結果再決定登陸日期。換句話說，在整個「海獅計畫」中，空戰成為了關鍵，希特勒也把全部希望寄託在空軍司令戈林身上。

事實上，納粹德國在 6 月初就以一小部分兵力對英國進行了試探性的轟炸，企圖透過轟炸誘使英國戰鬥機暴露實力和駐地，以查明英國空軍的兵力與部署情況。

德國空軍要轟炸的就是空軍基地、城市和運輸商船。儘管在兩個多月的試探性轟炸中，德國差不多攻擊了英國所有的空軍基地，炸沉船隻 45 萬餘噸，在很大程度上已經干擾了英國的戰爭準備，但英國空軍的頑強抵抗使「海獅計畫」尚未付諸行動即遭到挫折，其中最具代表意義的空戰就發生在 7 月 10 日。

7 月 10 日早上，巡邏中的德國偵察機發現了從福克斯通駛往多佛的英國大型沿海護衛艦隊。指揮部立即向一支轟炸機大隊發出了戰鬥警報，並命令一支戰鬥機大隊護航，另一支驅逐機大隊也飛往同一目標，這 70 多架德國飛機很快升空，組成立體編隊向英國海岸撲去。

德國飛機起飛後不久，英國本土搜索雷達就發現在加萊上空有大批敵機集結。於是，英國戰鬥機迅速從拉姆斯蓋特附近的曼斯頓機場起飛迎戰。英

空軍第 32 飛行中隊的 6 架「颶風」戰鬥機在比金‧希爾隊長的率領下向加萊上空飛去。面對這種形勢，德機匆忙返航，撤出戰鬥。

好一個「鷹眼計畫」

「海獅計畫」實施前空戰的失敗並未打消希特勒吞併英國的野心。相反，他希望「德國空軍對英國的偉大空戰」立刻開始實施。8 月 2 日，德國空軍總司令部發布了發動「不列顛戰役」的命令。但是由於天氣原因，計畫被迫延遲。8 月 12 日，戈林下令於第二天實施「鷹眼」計畫。

作為大空襲的前奏，德國空軍 12 日對英軍的沿岸雷達站進行了猛烈的突襲。從 8 月 13 日開始到 8 月 23 日，「不列顛戰役」進入關鍵時期，在歷時 10 天的戰鬥中，德國對英國進行了 5 次大規模轟炸，企圖摧毀英國空軍。

8 月 13 日這一天，天空烏雲密布，能見度極差，特別是在薩塞克斯和肯特上空，密布的濃雲常常低至 4,000 英尺，天氣比以往更不適合空戰。但戈林和希特勒已經急不可耐，於是，強大的德國轟炸機隊按計畫出發了。

但是，護航的戰鬥機隊卻沒有按計畫同時起飛，只有少數戰鬥機跟隨而出，德國轟炸機只好在幾乎沒有戰鬥機掩護的情況下單獨出擊。由 80 架「道尼爾 -17」飛機組成的龐大機群前去轟炸伊斯特徹奇機場和施爾尼斯港口，數量差不多的「容克斯 -88」飛機從海岸上空轟鳴而過，飛向奧丁漢姆和法恩伯勒，一大群「斯圖卡」飛機則沿著漢普郡海岸線飛行。

由於部署了警戒雷達，英國戰鬥機司令部很快就得到了德軍即將來空襲的情報。第 8 戰鬥機大隊司令派克將軍命令兩支「噴火」飛行中隊和兩支「颶風」飛行中隊前去保護泰晤士河口的一支船隊以及霍金吉、羅斯湯兩地的前進機場，並派出一個機群在坎特伯里上空巡邏。他把三分之二的「噴火」飛機和一半的「颶風」飛機留在手頭，以便對敵機實施集中攻擊。第 10 戰鬥機

大隊司令布蘭德也派出了兩架中隊的「颶風」飛機到多塞特上空巡邏。

到了 8 月 15 日，天氣開始出人意料地好轉，雲霧逐漸散去，持續了好幾天的陰暗天氣豁然晴朗，這是實施大規模空襲的大好天氣。但是德國空軍統帥部根本沒有估計到天氣的變化，各航空隊的指揮官都被戈林召到卡琳宮開會去了。

留在加萊博寧格斯司令部值班的德國空軍第 2 航空隊參謀 —— 保羅・戴希曼上校長時間地抬頭仰望天空，他在考慮到底該怎麼辦。最後，戴希曼以一個軍人的責任感承擔了風險。他立即向各部隊發出了出擊的命令。誰能料到，這一天竟會成為對英本土空戰中最激烈最壯觀的一天。

根據戴希曼的命令，德國空軍傾巢而出，龐大的機群由 1,800 餘架飛機組成，其中轟炸機 600 餘架，戰鬥機 1,200 餘架。

倫敦大劫難

轟炸開始於 9 月 7 日晚上 7 點 50 分，由 625 架轟炸機、648 架戰鬥機和驅逐機組成了聲勢浩大的機群，從不同航向、不同高度越過英吉利海峽，朝著倫敦直撲過去。

第一波德機對泰晤士港、人口稠密的倫敦東區、伍利奇工廠等目標準確投下了高爆炸彈。英國 23 支飛行中隊全部怒吼著向德國轟炸機群橫衝過來，在倫敦上空進行了一場激戰。但他們來晚了一步，短短一個小時內，德軍就成功將 300 多噸高爆炸彈、燃燒彈瀉入倫敦，倫敦頓時成為一片火海。

據不完全統計，那一晚僅轟炸引起的大火就達 1,300 多處。到了 9 月 9 日下午 5 點，德國空軍 200 餘架轟炸機在強大護航機群的掩護下，第二次轟炸倫敦。雙方飛機在空中你追我趕，展開了一場殊死搏鬥。

9 月 15 日，經過八天的調整和補充，英國空軍先後出動了 19 個中隊

300 餘架戰鬥機，迎戰前往倫敦的德軍 200 架轟炸機和 600 架戰鬥機組成的大機群，激烈的空戰持續了整整一天，在英軍英勇抗擊下，很多德機漫無目的地投下炸彈，匆匆返航。全天有 56 架德機被擊落，其中 34 架轟炸機，另有 12 架在返航和著陸途中傷重墜毀，還有 80 架飛機是帶著滿身的彈痕著陸，英軍在空戰中損失 20 架「颶風」和 6 架「噴火」，還有 7 架傷重報廢。這天是不列顛空戰的轉折點。邱吉爾激動地說：「這一天是世界空戰史上前所未有的、最為激烈的一天。」

9 月 16 日和 17 日，英國空軍持續出動轟炸機，對德軍集結在沿海的用於登陸的船隻和部隊進行了猛烈攻擊，擊沉擊傷近百艘船隻，並造成德軍重大的人員和物資損失，迫使希特勒於 9 月 18 日下令停止在沿海集結船隻。為了盡可能減小損失，戈林下令：從 10 月 1 日開始，對英國的空襲改為夜間進行。

後來，英國把 9 月 15 日定為「不列顛空戰日」，以表達對勝利的慶賀。

◇知識拓展◇

轟炸機

攜帶武器攻擊地面、水面或者是水下目標的軍用飛機。世界上第一架轟炸機是 1915 年在俄羅斯波羅的海鐵路工廠生產的伊利亞‧穆羅梅茨 -V 型。它是一架裝有 4 具引擎、雙翼的大型飛機，可以攜帶 522 公斤的炸彈以 120 公里的最大時速飛行。這在當時可以算是優秀的載彈飛行能力了。

菲島空戰〈1940〉——
日軍空襲菲律賓

◇作戰實力◇

菲島空戰日軍與美菲軍隊損失情況對比

	傷亡人數	飛機	船艦
日軍	1.4 萬人	80 多架	4 艘
美菲軍隊	-	250 多架	各型作戰艦艇 8 艘、商船 26 艘

◇戰場對決◇

日軍陸海軍航空兵的突襲行動

在戰鬥剛剛開始的時候，日軍的陸海軍航空兵就對美軍機場和甲米地，也就是所謂的呂宋海軍基地發起了突然襲擊，僅僅是 1941 年 12 月 8～9 日就摧毀了美國在陸地上幾乎一半的重型轟炸機和三分之一以上的戰鬥機，從而為登陸作戰創造了良好的條件。

值得慶幸的是，當時美國的亞洲艦隊基本兵力駐紮在菲律賓南部基地，從而得以倖免。當天，日軍開始攻占呂宋島以北的巴坦群島，在獲得了制空權之後，又趁呂宋地區幾乎沒有什麼艦隊，派先遣部隊第 48 師田中支隊和菅野支隊一共約 4,000 人，從 12 月 10 日開始分別在呂宋島北部的阿帕里和美岸進行登陸作戰，並且還占領了機場。

12 月 12 日，第 16 師木村支隊，大約 2,500 人在呂宋島南部的黎牙實比進行登陸，占領機場之後還進一步擴大了戰果。到了 17 日，美軍僅剩下的

17 架 B-17 轟炸機撤到澳洲。至此，日軍完全掌握了制海和制空權。

從 22 日開始，日軍的第 48 師主力在呂宋島西岸的林加延灣進行登陸。到了 24 日，第 16 師在呂宋島東南部的拉蒙灣進行登陸。如此，登陸的日軍就形成南北夾擊馬尼拉、圍殲美菲軍主力的有利態勢。

到了 26 日，呂宋島的守軍奉命撤往巴丹半島預先設置的陣地和科雷希多島，準備與日軍進行長期的抵抗。與此同時，日軍從南北兩面同時進逼馬尼拉，企圖切斷美菲軍的撤退道路，但是目的沒有達到。

第二年的 1 月 2 日，日軍占領了馬尼拉，並以一部兵力占領甲米地和八打雁。至此，日軍的主要目的已經達成。之後，日軍又在民答那峨島和霍洛島進行了登陸，而呂宋島上的美菲軍隊大約 79,500 人開始撤向巴丹半島。

疏忽大意終成大錯

到了 3 月中旬，麥克阿瑟開始轉赴澳洲，留守的美菲軍由溫萊特少將指揮。

這個時候日軍也認為菲律賓的作戰大局已定，於是就將海軍的主力和第 48 師調往荷屬東印度地區，將第 5 飛行集團主力調往緬甸，最後僅僅以第 14 集團軍的剩餘兵力進行呂宋島的清剿工作。

1 月 9 日，日軍開始進攻巴丹半島，這一次日軍遭到了頑強的抗擊，美菲軍與日軍展開激烈的山地戰、叢林戰和陣地戰。僅僅是在交戰中，木村支隊就遭到包圍，而前來救援的日軍又被殲滅一個營。

到了 1 月底，日軍傷亡過於嚴重而喪失了攻擊力，最後被迫轉入防禦，戰局也一度陷入了膠著。

4 月 3 日，日軍以第 4 師、第 65 旅作為主力，再一次對巴丹半島發起進攻，雙方在叢林中進行了一場殊死搏鬥。美菲軍不僅沒有援兵而且還缺少補

給，就這樣，在日軍猛烈的攻擊下，巴丹半島守軍 7.5 萬人於 4 月 9 日投降。

5 月 2 日，日軍準備對該島進行大規模的火力打擊。5 月 5 日，在火炮的掩護下，日軍分左右兩路進行登陸，對島上的要塞發起了進攻，當時 1.5 萬名美菲軍依託坑道工事進行頑強的抗擊，甚至還成立敢死隊展開白刃戰。

6 日，日軍的後續部隊也開始投入戰鬥，溫萊特率領美菲軍的剩餘兵力投降。7 日，日軍占領了該島。10 日，駐民答那峨島和北呂宋山區的美軍投降。18 日，駐班乃島美軍也停止抵抗，這個時候，日軍已經控制了菲律賓的全境。

在美軍占領了雷伊泰島之後，山下奉文將駐紮在呂宋島的日軍共計 28.7 萬人編成了 3 個集團，分別駐守到北部和中南部的山區，企圖以持久防禦來牽制和消耗美軍的實力。當時美軍為了能夠取得進攻呂宋島的前進基地，於 12 月 15 日占領了民都洛島。

美國進行猛烈的反攻

1945 年 1 月 9 日，美國的第 6 集團軍大約 20 萬人在美國第 7 艦隊艦炮的強大火力和美國第 7、第 3 艦隊航空兵突擊的掩護下，從呂宋島西岸的林加延灣進行了登陸，之後第 1 軍為主向北呂宋進攻，另一路則是第 14 軍為主，開始向馬尼拉方向推進。

僅僅是戰鬥開始的第一天，就有 6,800 人在呂宋島上登陸，而且還奪取了正面 32 公里、縱深 7.5 公里的登陸場。

美軍為了能夠加快進攻的速度，在向林加延灣增兵的同時，又以第 8 集團軍的部分兵力分別在蘇比克灣西北的聖安東尼奧和馬尼拉灣以南的納蘇格布登陸。

各部隊也同時向馬尼拉進逼，最後美軍經過一系列的戰鬥，於 3 月 3 日

攻占馬尼拉。2月，美軍也開始進行解放菲律賓南部的戰鬥行動，當時美國的第8集團軍參加了此次行動。

之後，美軍又在呂宋島和其他島嶼上進行了消滅島上南北兩個日軍孤立集團的戰鬥行動。

最後，菲律賓的戰鬥於7月初正式結束，可是，在呂宋島及其他島嶼上繼續抵抗的一小部分日軍的殘餘力量，一直進行戰鬥直到第二次世界大戰結束。

這次戰鬥，是日本陸海空軍在第二次世界大戰中實施的攻占眾多群島中的第一次大規模合同聯合戰役。也是這場戰鬥，證明了奪取制空權和制海權對於登陸兵進行登陸的成功具有決定性的意義。（注：合同戰役是指以陸軍戰役軍團為主，海軍、空軍等戰役軍團／兵團參加，在合成軍隊指揮員統一召集指揮下，為完成戰略任務而實施的戰役。聯合戰役，在聯合指揮機構的統一指揮下，由兩個以上軍種戰役軍團共同實施的戰役。）

在這次戰鬥中，日軍死傷了大約1.4萬人，損失飛機80多架、艦船4艘；擊毀了美菲軍飛機250多架、各型作戰艦艇8艘、商船26艘。而菲律賓的喪失，也讓美軍在太平洋的戰略態勢發生了急劇的惡化。

當美軍占領菲律賓群島之後，日本的戰略態勢進一步惡化，從此，日本與南部海域的海上交通線被迫切斷，日本需要的戰略原料只能從中國東北和朝鮮半島向本土運輸。

至此，美軍也完全控制了南海，並且為進攻海南島、臺灣、琉球群島和直接進攻日本本土建立了很多作戰基地。

◇知識拓展◇

科雷希多島

位於菲律賓馬尼拉灣入口處的小島，戰略地位非常。是紀念美、菲軍隊在第二次世界大戰中以少數部隊抗擊人數眾多的日本軍隊的紀念地。該島面積 5 平方公里，一直被視為天然要塞。島上還建有太平洋戰爭紀念碑、許多炮臺和馬林塔山洞。

1980 年代，日本政府也在島上修建了日本和平公園。如今，科雷希多島已成為旅遊景點，島上的部分工事被修復，以向遊人展示該島的歷史。

英德空戰〈1942〉──
德國上空的轟炸機

◇作戰實力◇

英國空軍轟炸德國軍事力量

戰爭階段	飛機類型	彈藥情況
轟炸莫勒、索普、埃德爾水壩	19 架經過特殊改進的「蘭開斯特」重型轟炸機	「圓桶」炸彈
轟炸「鐵必制號」戰艦	英國皇家空軍第 617 轟炸機中隊	「高腳櫃」炸彈

◇戰場對決◇

「圓桶」炸彈的特殊使命

1943 年 1 月，英軍的統帥部發動了著名的魯爾包圍戰，皇家空軍從空中

開始重點打擊德國的魯爾、杜伊斯堡、科隆、埃森等工業城市。而在此計畫當中，第一目標就是要炸毀位於魯爾附近的 3 座水庫大壩，如果把這 3 座水庫大壩炸毀，那麼德國的軍火生產、煤礦、石油等都將陷入癱瘓狀態。

為了炸毀大壩，英國軍方還專門設計了一種特殊的巨型航空炸彈，這種炸彈高 1.6 公尺，直徑 1.27 公尺，看起來就好像一個圓桶，內裝 3 噸 RDX 炸藥，總重量 8.325 噸，是一種跳躍式炸彈。

如果把這種炸彈從低空投下，那麼它會以每分鐘 500 轉的速度開始旋轉，同時在水面上跳躍式前進，能夠躲過防雷網。而且使用這種炸彈，必須貼著大壩放在離水面 9 公尺深的水中引爆，才可以澈底摧毀大壩。

當時英國為了準確地炸毀大壩，需要解決兩個技術難點：

第一個難點是如何才能準確測定炸彈的落點。從偵察機拍攝下的照片得知，水庫大壩的兩側，每隔 180 公尺就設有一座監視塔，而且還配有高射機槍，於是英軍決定利用監視塔解決炸彈落點問題。飛行員用一塊等腰三角板，在頂端打一個觀察孔，在其底邊兩端各釘一個釘子，做成一個簡易瞄準器，當觀察到釘子與監視塔重疊成一直線時就立即投彈，這樣第一個問題就解決了。

第二個難點是如何確認飛機的高度。英軍的飛行員必須保持在距離湖面 18 公尺高度進行水平飛行，既不能太高，也不能太低。最後，英軍的吉布森中校想出了一個辦法，在機頭和機腹裝上兩個聚光燈，透過計算，調整好角度，使它們相交時，從機身到燈光焦點的垂直距離恰好是 18 公尺，這樣問題就解決了。

第 7 個「圓桶」命中大壩

炸毀大壩的炸彈有了，飛行員接下來的任務就是進行嚴格的訓練，但是

英軍給飛行員進行訓練的時間並不多。後來,英國皇家空軍制定了轟炸水壩的作戰計畫,行動代號為「懲罰」。

5月16日晚,「懲罰」行動正式開始,英國空軍第617轟炸中隊的19架經過特殊改造的「蘭開斯特」重型轟炸機分三個批次起飛了,它們轟炸的目標就是莫勒、索普、埃德爾三個大型水壩。

在夜幕的掩護下,皇家空軍的「蘭開斯特」轟炸機掠過北海,在進入荷蘭海岸之後,以15公尺的高度進行超低空飛行。

到了子夜時分,實施第一波攻擊的9架重型轟炸機已經進入了目的地區域。在朦朧的月光下,莫勒水庫大壩彷彿一條臥在水中的巨龍,依稀可見。

當時守護大壩的德軍已經發現了前來偷襲的英軍轟炸機,防空高射炮開始拚命向轟炸機射擊。英軍的一架轟炸機被德軍的炮火擊中,拖著濃煙和火焰向地面墜去。而此時的吉布森中校一邊駕駛著飛機盤旋在炮火射程的周邊,一邊用無線電指揮著編隊,並下令開始進行攻擊,他們冒著非常猛烈的炮火,勇敢地向莫勒水庫大壩撲去。

當吉布森的飛機貼近水面,速度和高度都符合轟炸要求的時候,他果斷下達了命令:「測定高度,調整速度!」「開燈!準備投彈!瞄準!」但是炸彈並沒有投中目標,大壩依然完好地立在那裡。吉布森開始命令2號機進行攻擊,只見2號機打開探照燈向下俯衝,突然,一股紅色的火焰從機翼的油箱裡噴射出來,隨著一團橘紅色的火光沖出,2號飛機爆炸了,而它投出的炸彈則飛過水庫,落在了一座發電廠裡。

「3號機進攻!」吉布森又一次發出命令,可是3號機也沒有成功,接著4號機、5號機也都沒有成功。吉布森繼續命令7號機進攻,最後,7號機的炸彈終於命中了目標。

　　只見一枚碩大的「圓桶」炸彈快速旋轉著砸向水面，躍過一道道防雷網向大壩衝去，準確無誤地擊中了莫勒水庫水壩的要害，「轟」的一聲巨響，巨龍似的大壩被攔腰炸開，億萬噸的洪流咆哮著沖出水庫，魯爾地區瞬間就變成了一片汪洋。

　　與此同時，第二波、第三波轟炸機也開始轟炸另外兩個目標。埃德大壩被炸出一個缺口，短短幾分鐘之內，附近的小鎮和軍用機場就淹沒在了水中，這一次，吉布森真的是在轟炸中建立了功勳，為此，他後來得到了一枚維多利亞十字勳章。

　　在第二次世界大戰中，英國空軍僅有 32 人獲得這種榮譽，而生前榮獲的僅有 7 人，吉布森便是其中之一。當時，他年僅 25 歲。

「高腳櫃」炸沉「鐵必制」

　　「懲罰」行動沉重打擊了德國法西斯的囂張氣焰，而英國皇家空軍第 617 轟炸機中隊也一舉成名。這時英國海軍又開始請求 617 中隊幫助，原來自從德國的「俾斯麥號」戰艦被擊沉後，它的姐妹艦「鐵必制號」最近又駛入了挪威北部。當時，這是德國海軍僅存的一艘大型戰艦，而它也嚴重威脅著英國海上生命線的安全。

　　英國海軍早就想幹掉「鐵必制號」，但是試過幾次都沒有成功，主要原因是它的甲板下面還裝有 150 公尺長的裝甲帶，裝甲硬化層的厚度達到了 203 毫米，保護著彈藥庫、主機艙、主鍋爐艙等要害部門。曾經英國海軍用 720 公斤的航彈重創其外部裝甲設施，但是「鐵必制號」厚達 317 毫米的裝甲板居然再一次承受住考驗。

　　後來，為了能夠一舉炸穿「鐵必制號」戰艦的裝甲防護層，「蘭開斯特」轟炸機準備對其使用一種新式的重型航空炸彈。

1944 年 11 月 12 日，第一批「蘭開斯特」轟炸機終於出發了，每架「蘭開斯特」的機腹下都露著半顆「高腳櫃」。為了迷惑敵人，轟炸機群並沒有進行編隊飛行，而是單機飛越挪威海岸，讓敵人以為是偵察飛機例行偵查的假象。在飛機群集結之後，組成了 4 個編隊，在 3,270 ～ 5,000 公尺的高度飛向了「鐵必制號」戰艦的藏身之地。

當轟炸機群距離「鐵必制號」大型戰艦 75 海里的時候，「鐵必制號」上的雷達發現了轟炸機群。艦長一面向基地進行求援，一面釋放煙霧，並且還命令艦上防空炮全部朝著轟炸機開火，一條條火舌奔向「蘭開斯特」轟炸機群。

英國轟炸機冒著凶猛的炮火，撲向「鐵必制號」。第一架「蘭開斯特」投下的第一枚「高腳櫃」炸彈在水中爆炸，激起的沖天水柱重重砸向「鐵必制號」。

第二架轟炸機投下的「高腳櫃」炸彈一下子就鑽到了「鐵必制號」的前主炮炮塔。隨著一聲悶雷般的巨響，幾十噸重的前主炮塔立刻就被炸飛了。而在幾分鐘之後，又一架轟炸機投下的「高腳櫃」炸彈擊穿了左舷鍋爐艙上部的裝甲板，居然一下子炸出了一個直徑 14 公尺的大洞，「鐵必制」戰艦的左舷主鍋爐艙和主機艙立刻進水，艦體也迅速左傾。緊接著，一枚「高腳櫃」炸彈再次擊中了戰艦左舷，這一次海水更是大量湧入，9 點 52 分，德軍的最後一艘大型戰艦「鐵必制號」沉入海底。

◇知識拓展◇

英國「蘭開斯特」轟炸機

二戰時期英國空軍的四引擎「曼徹斯特」III 型，原型機於 1940 年 1 月 9 日首飛，第一次飛行就表現出了良好的飛行品質和可靠性。隨後，新機型

又安裝了更大功率的「梅林」引擎，機首、機尾、背部和機腹都安裝了炮塔，增大了載油量，配備了自動充氣救生筏等裝備，並於 1940 年 10 月 31 日進行了試飛。

由於新機型與最早的雙引擎型號區別很大，所以有必要重新命名，因而「蘭開斯特」轟炸機就此誕生了。

當時由於它的優異性能，很多工廠都開始生產「蘭開斯特」轟炸機，使它的最終產量達到了 7,734 架。第一個裝備「蘭開斯特」轟炸機的是第 44（羅德西亞）轟炸機中隊，該中隊於 1940 年年底接收了第一架。

中美大規模的空中運輸戰〈1942〉——
飛越世界「屋脊」

◇作戰實力◇

美軍軍事力量一覽表

戰鬥階段	機型	數量
第一次轟炸	B-29 式重型轟炸機	68 架
第二次轟炸	B-29 式重型轟炸機	92 架

◇戰場對決◇

美軍對日進行戰略轟炸的序幕

1944 年 6 月 15 日深夜，美軍 68 架 B-29 式「超級空中堡壘」重型轟炸機悄悄飛往日本九州的上空，對曾經為日軍提供過大量鋼材的八幡鋼鐵廠投下了首批炸彈，這也拉開了美軍對日進行戰略轟炸的序幕。

予以日本重創的 B-29 轟炸機

1943 年年底，美國透過自身努力製出了航程達 5,000 多公里的 B-29 重型轟炸機，而這也為美國轟炸日本本土提供了有利的條件。當時隨著歐洲戰場戰爭進程的不斷加快，許多經驗豐富的優秀轟炸機飛行員也被抽調到太平洋戰場，參加對日的戰略性轟炸。

除此之外，盟軍在太平洋上的跳島戰術順利進行，已經逐漸逼近日本本土，但是日軍所崇尚的武士道精神也讓美軍付出了慘痛的傷亡代價。

若想登陸日本，不事先透過長時間的火力打擊來削弱和動搖日本人的抵抗意志是不行的，否則盟軍就會付出非常大的傷亡，而這一點也正是美國高層決策機構不得不考慮的一個問題。

1944 年 4 月，第一批 B-29 轟炸機開始進駐印度的加爾各答美軍基地，隨即成立了第 20 轟炸機指揮部。B-29 轟炸機完全稱得上是「龐然大物」，它長 99 英尺，高約 28 英尺，翼展達 141 英尺，重 60 噸，能夠以 350 多英里（約 563 公里）的時速在 3.8 萬英尺高空攜帶 4 噸炸彈飛行 3,500 英里，而最大載彈量甚至一度達到了 10 噸。這真的是重量級的武器，而當時用於歐洲戰場的主力轟炸機 B-17「空中堡壘」的最大載彈量也才 4.7 噸，最大航程也才 2,400 英里，與 B-29 轟炸機相比都可謂小巫見大巫。

而且 B-29 轟炸機還有很多優秀的特點，它具有良好的高空飛行性能和強大的自衛火力。它的最大飛行高度可達 10,670 公尺，為了解決飛行員高空缺氧的問題，飛機設計師應用了當時最先進的科技成果，將飛行座艙設計成了全密封結構，並且每一位機組人員均配有氧氣面罩，使高空飛行的操作環境變得更加舒適。B-29 轟炸機還裝備有最新式的雷達和活動炮塔，它的轟炸精度和自衛能力在當時都算得上是一流的。

B-29 轟炸機的轟炸使命

1944 年 6 月 15 日，92 架 B-29 轟炸機再一次從印度的加爾各答空軍基地騰空而起，而這一次轟炸的目標就是遙遠的日本本土。為了執行這次轟炸任務，他們必須要飛越被稱為「世界屋脊」的喜馬拉雅山，之後到達中國成都的前進機場進行加油掛彈，然後再飛向這次轟炸的目標 —— 日本九州。

在經過了長途跋涉之後，某日午夜時分，B-29 轟炸機群透過淡淡的雲層辨認出了日本海岸的輪廓，而日本本土地面上的點點燈火進一步為機群指示了方向，於是，機群成功地進行投彈。成噸的炸彈呼嘯著落向九州，一枚炸彈直接命中了鋼鐵廠，頓時廠區內燃起了熊熊大火，可以說首次轟炸是非常成功的。

在之後 10 個多月的輪番轟炸中，美軍的轟炸機摧毀了位於日本本土的 1 座重型工業工廠、2 座飛機製造廠，以及大量的海運設施、陸地交通運輸樞紐和油庫等重要目標。

在 1944 年 10 月中旬，美軍的轟炸機還轟炸了沖繩島和臺灣的日軍機場，取得了進一步的勝利。

但是，對於第 20 轟炸機指揮部來說，指揮轟炸行動實在是太艱難了。每次轟炸，巨大的 B-29 轟炸機都要往返飛越「世界屋脊」，之後再從中國成都的機場起飛，而即便如此，B-29 轟炸機也只能轟炸到日本的南部地區，想深入日本內地進行轟炸、進一步擴大轟炸戰果是很困難的。

之後，1944 年 11 月，美軍調整了作戰計畫，停止了從印度飛越「世界屋脊」、再從中國成都起飛攻擊的計畫，而是將第 20 轟炸機指揮部的轟炸機飛上了剛剛攻占的塞班島。

調整轟炸計畫，旨在深入腹地

11 月 24 日 6 點 15 分，隨著塞班島上飛機引擎的巨大轟鳴聲，奧唐奈准將帶領的 100 多架 B-29 轟炸機迎著初升的太陽陸續起飛，飛向了第一個攻擊的目標，也就是日本最大的飛機引擎製造廠 —— 東京近郊的中島式藏野工廠。

也許是老天爺的幫忙，B-29 轟炸機在順風的作用下以約 455 英里的速度掠過目標上空，從 3 萬英尺高空投下一顆又一顆的炸彈。頓時，東京市區就響起了震耳欲聾的爆炸聲，到處都是彈起橫飛，火光沖天，一些日本市民被這突如其來的爆炸聲嚇呆了，望著天空中黑壓壓的機群不知所措。

這時，100 多架日本「零式」戰鬥機也氣勢洶洶地飛上天空，試圖進行攔截。它們瘋狂追了上來，可是面對在 3 萬英尺高空飛行的 B-29 轟炸機，大部分「零式」戰鬥機束手無策，只能非常盲目地射出一串串子彈。然而，B-29 則以更加猛烈的炮火進行還擊。日本的「零式」戰鬥機一架接一架的中彈起火，最後墜向地面。

當時只有一架受傷的「零式」飛機掙扎著突破了 B-29 機群的防護火力網，最後撞在一架 B-29 轟炸機的尾部，兩架飛機頓時發生爆炸，化作兩團巨大的火球。

◇知識拓展◇

日本零式戰鬥機的總體性能

零式戰鬥機的最大優勢就是極其優異的垂直機動能力，與零式纏鬥很難從背後將其咬住，甚至一不小心就會反被零式咬住。

設計師堀越二郎大膽採用含微量鉻錳的超硬鋁合金，對飛機主橫梁進行

革新。其抗拉強度好，耐疲勞強度更好，而且機體重量極輕，空重（21 型）僅 1,570 公斤。零式的性能優勢最大來源就是輕，非常輕，翼載極小，完全彌補了引擎動力的不足，而且保證了極大的續航力。

零式的火力也很強大，首次裝備了 2 門 20mm 機關炮，破壞力很強，此外還有 2 把 7.7mm 機槍。

當然在火力運用上也存在問題，20mm 機炮的射速不高，而且備彈有限，彈道彎曲，殺傷力不好。

庫班空戰〈1943〉——
蘇德雙方長時間激烈的對決

◇作戰實力◇

庫班空戰蘇德雙方軍事力量對比

	機型	第一次空戰	第二次空戰	第三次空戰
德國	轟炸機	450 架	擊落 368 架	總計 1,400 架
	戰鬥機	200 架		
蘇聯	轟炸機	總計 500 架	損失 70 架	-
	戰鬥機			

◇戰場對決◇

庫班空戰的背景

庫班空戰是第二次世界大戰蘇德戰場上一次規模較大的空中戰役。當時德國空軍在會戰中遭到嚴重的損失，從而失去了蘇德戰場南翼的制空權。

庫班空戰也從側面充分暴露了杜黑制空權理論的片面性，當時蘇聯戰鬥

機部隊的輝煌戰績無疑雄辯地說明：空中交戰是奪取制空權最為重要的手段之一。

在 1943 年春，蘇軍為了解放塔曼半島和擊潰德國「A」集團軍的部分殘餘軍事力量，開始採取攻擊行動。當時，德軍由於地面部隊的實力不足，於是企圖透過空中力量來固守塔曼半島，參戰航空兵當時為第 4 航空隊和駐烏克蘭南部的航空部隊，共計有作戰飛機 1,200 架，後來又增加到了 1,400 架，由第 4 航空隊的司令里希特霍芬指揮。

蘇軍的目的是奪取蘇德戰場南翼的制空權，這樣就可以為支援地面部隊解放塔曼半島創造良好的條件。其參戰的航空兵力主要是北高加索方面軍航空兵和黑海艦隊航空兵一部，共計有飛機 900 架，後來增加到了 1,000 架左右，由空軍司令韋爾希寧中將指揮。庫班空戰包括三次空中交戰和一次突襲機場的作戰。

發起前期攻勢

1943 年 2 月 5 日夜，蘇軍的陸戰隊發起了前期攻勢，在庫班半島南側，德軍「藍色防線」最南端的梅斯哈科地區一舉登陸成功，搶占了一塊寬 4 公里、縱深 2.5 公里的登陸場，很快又把登陸場擴大到了 30 平方公里，這樣就等於在德軍防線的南側橫插了一刀。

德軍此時已經大為惶恐，經過一番調兵遣將，於 4 月 17 日出動了 4 個步兵師，2.7 萬人在大批飛機的支援下對取名「小地」的蘇軍登陸場發起了瘋狂而猛烈的進攻。

可以說，庫班戰役的第一輪大作戰在陸地、海面和空中同時爆發，特別是以空戰最為激烈。

當時德國的空軍第 4 航空隊在這小小的空間中竟然投入了近千架次的作

戰飛機，猛烈轟炸登陸場，支援步兵進行作戰。當時出擊的機場多在克里米亞和庫班半島上，距離前線也僅僅有 50 公里到 100 公里，所以，德軍的出動強度是非常高的，猛烈的火力風暴不時向「小地」登陸場刮去。

而蘇軍空軍第 4 集團軍在最開始的時候出動了 300 架次的飛機阻擊敵軍的空地攻勢，十分頑強地對抗著。但是由於蘇聯軍隊的力量占劣勢，而且蘇軍的基地又在 150 公里到 200 公里以外的克拉斯諾達爾，所以曾一度陷入被動。

當時坐鎮前線指揮的大本營的代表，空軍司令諾維科夫元帥為了扭轉蘇軍的被動局面，決定大規模增兵庫班。諾維科夫從統帥部大本營調來了轟炸航空兵、戰鬥機航空兵等部隊，使蘇軍的飛機出動數量能夠達到一天 900 多架次。

兩輪交戰

2 月 20 日到 29 日，蘇德兩軍之間的空軍進行了兩輪交戰，蘇軍飛機一天之內出動的飛機架次達到了 1,308 架次。而首次庫班空中交戰是在新羅西斯克附近小地的梅斯哈科地域登陸場一帶。

4 月 17 日到 24 日，德軍企圖在該登陸場消滅蘇軍的第 18 集團軍登陸集群，但因蘇軍航空兵事前做了充分的準備，與第 18 集團軍密切配合，為第 18 集團軍提供了可靠的空中掩護，從而一舉打破了德軍的這一企圖。

而之後的幾次空中交戰分別是：4 月 29 日～ 5 月 10 日在克雷姆斯卡亞鎮，5 月 25 日～ 6 月 7 日基輔斯卡亞鎮和摩爾達萬斯卡亞鎮等地域展開。在空中交戰的過程中進行了多次持續時間長達幾個小時的激烈空戰，雙方也為此多次增加兵力。有幾天，編隊空中的戰鬥約達 50 次，蘇德雙方每次都以 30 ～ 50 架以上的飛機參加戰鬥。

在 5 月 26 日早上，庫班發生了更加激烈的戰鬥，蘇軍對「藍色防線」發起了猛攻，至此，蘇德空軍開展了第三輪激烈的空中角逐。

蘇聯空軍的第 4 集團軍在進攻發起之前就出動了 338 架飛機，配合炮兵進行了 40 分鐘的密集航空火力準備。

可是德軍的抵抗也是空前的頑強，這一次德軍也迅速從戰場周邊調入了大批飛機，使第 4 航空隊的飛機出動數量和架次猛增。

在進攻前的頭三個小時，德軍航空兵就出動了 1,500 架次，從空中阻擊蘇軍的攻勢；到了中午，前線的上空還是會不斷出現德軍的飛機。

蘇軍為了奪回主動權，挫挫德軍的囂張氣焰，空軍第 4 集團軍調整了作戰計畫，將戰鬥機防區的範圍擴大，在戰區邊緣截擊敵轟炸機。同時還廣泛採取了「遊獵」的戰法，靈活機動地打擊德機。

由於蘇軍把大批的戰鬥機用於爭奪制空權和攔截德軍轟炸機的戰鬥，為此，蘇軍的轟炸機和戰鬥機無法得到有效的護航。但蘇軍採取了大編隊自我保護的方法，堅持出動，突擊德軍地面的反擊部隊。

在執行任務的過程中，戰鬥機始終保持 15% 的彈藥，準備隨時與德軍交戰。可以說這次空戰是庫班三次空戰中最激烈的一次，在 11 天的時間裡，蘇軍戰鬥機出動了 5,610 架次，雙方進行空戰 364 次，擊落德軍飛機 315 架，極其有效地遏制了德軍的反攻勢頭，蘇軍又重新成為了庫班上空的主人。

庫班空戰的亮點

庫班空戰歷時 50 多天，蘇德雙方都投入了大量的兵力進行多次空中交戰，每次持續時間幾乎都長達幾小時。據統計，蘇軍出動飛機約 3.5 萬架次，擊毀、擊傷德軍飛機 1,100 餘架，其中擊落了 800 餘架。

由於蘇軍的頑強進攻，蘇聯空軍最後取得了蘇德戰場南翼的制空權，為

奪取整個蘇德戰場的戰略制空權打下了基礎。而且蘇軍的庫班空戰也創造了戰爭史上的新特點，例如在主要方向上大量集中使用航空兵力，並在後續的空戰中不斷增強力量；廣泛使用地面無線電臺來指揮空中作戰；成功採用了垂直機動戰術和按高度作層次分配，也創造了被後人稱為「庫班書架」的新型戰鬥隊形等等。

◇知識拓展◇

制空權理論

制空權理論產生於 1920 年代，它的創立人是義大利的杜黑將軍，以及和他同時代的美國空軍奠基人米切爾准將，被稱作「美國的杜黑」，也是創立人之一。

杜黑認為，未來戰爭不可能只是兩國之間軍隊的搏殺，必然要動員全民，以及國家的全部資源、全部能力和全部信念進行對抗，可以說是一場總體戰，對後方居民和經濟目標的打擊也是戰爭的必要手段。

特別是飛機的出現，往往導致戰爭的特性發生重大變化。飛機的速度越快，作戰半徑越大，打擊能力也就越強，使戰爭的影響不再局限於地面大炮的最遠射程之內，戰場可以擴大到交戰國的整個國境。

美日沖繩海空戰〈1944〉——
「菊水特攻」作戰

◇作戰實力◇

美日沖繩海空戰雙方軍事力量對比

	船艦		飛機				
	航空母艦	其他船艦	艦載機	自殺機	特攻機	轟炸機	戰鬥機
美國	17 艘	80 多艘	1,400 多架	0	0	0	0
日本	0	0	0	355 架	196 架	544 架	102 架

◇戰場對決◇

戰前協奏曲

1944 年 3 月 14 日上午 7 點整，按照「冰山」戰役計畫的規定，米徹爾海軍中將率領艦隊，殺氣騰騰地向日本九州駛來，準備在「冰山」戰役發起之前，對九州上的日軍航空兵進行摧毀性的轟炸。

18 日凌晨 3 點 55 分，米徹爾編隊進入九州附近海域之後，令人望而生畏的機群——1,400 多架美艦載機，彷彿巨龍似的鋪天蓋地向九州猛撲過去。

5 點 40 分，第一批領航機以每小時 500 公里的速度低空朝九州上空飛去，緊接著最前面的 2 架飛機又交叉飛過島上最大的機場——九州機場，並一齊投下了一連串炸彈。只見在距離地面大約 30 公尺的時候，美新型 M47 火箭爆裂，噴射出一根根半公尺長的燃燒棒，這些燃燒棒只要接觸到東西就

會爆炸，把黏膠似的火種四散開去。霎時間，只見整個九州出現了 2 條交叉火線。

就在這個時候，又有十幾架領航機朝九州飛來，朝著這 2 條交叉火線投下燃燒彈。

這樣猛烈的攻擊持續了整整兩天，為此美國人取得了巨大的戰果，擊毀日機 528 架，給予日本航空兵力一記沉重的打擊，大大減輕了美軍登陸作戰所遭受的空中威脅，致使日軍在 3 月 25 日之後就宣布執行的「天號作戰」在沖繩島戰役打響後遲遲無法實施。

「菊水特攻」

1945 年 4 月 1 日黎明時分，海面上微波蕩漾。8 點 32 分，在強大海空炮火的支持下，美國的陸戰隊在沖繩島一舉搶灘成功，「冰山」戰役也正式開始。到了下午 4 點，特納將軍向尼米茲報告：「各海灘上的登陸繼續進行，正向縱深順利推進，抵抗輕微。登陸場已被我占領，約有 5 萬官兵上陸。」

到了 4 月 6 日，日本總部正式宣布執行「天號作戰」計畫。當時日軍面對咄咄逼人的美軍艦隊，日本總部竟然提出了一個野蠻而又荒唐的口號：「用一架飛機換一艘軍艦。」於是，令人們恐怖的「神風」自殺飛行員們開始了最充分的「表演」行動。

1945 年 4 月 6 日傍晚，日本人開始了沖繩戰役中 10 次「菊水特攻」中規模最大的第一次 —— 「菊水 1 號」作戰。

當時是一個陰霾密布的日子，這股「神風」的幽靈也正在隨風飄蕩。只見 355 名身裹白綾、頭繫白巾的青年飛行員，面對正北方日本本土的皇宮，振臂對天皇發誓：「我們七世盡忠，報效天皇，寧可玉碎，絕不瓦全。生而是皇軍，死後成軍神，武運長久，決戰決勝！……萬歲！」

經過近一個小時的飛行，在到達沖繩海域時，355 架自殺飛機和 344 架轟炸機組成的龐大機群，立即朝著美國人所在的沖繩島和海上的目標進行了猛烈攻擊。只見「神風」機群在空中排成「一」字隊形，「神風」隊員們抱著必死的信念，睜大了自己的眼睛，像著了魔似的，面對美艦上猛烈的高射炮火，紛紛向美艦橫衝直撞。

日本的自殺飛機勢力太凶猛了，簡直讓美軍束手無策，甚至連當時意志堅強的斯普魯恩斯也心有餘悸地向尼米茲報告：如果日本人繼續進行自殺攻擊，將會出現嚴重情況。

除此之外，在沖繩海面上，美國第 58 特混艦隊的多艘戰艦也已經不同程度地遭到了日本自殺式飛機的攻擊，當時日方宣稱擊沉美軍各類艦船 49 艘，當然日軍飛機的損失也很慘重，被擊落了 312 架。

在「菊水 2 號」作戰中，日軍主要戰果為擊中美軍大型航空母艦「企業」號、戰艦「密蘇里」號等目標，菊水二號首次出現「櫻花彈」的人操炸彈，此種炸彈由轟炸機攜帶，由於體積小重量輕，美軍較難將其擊落，這種武器給美軍造成了不小的損失。

「菊水 1 號」和「菊水 2 號」作戰計畫取得的成功，更加激發了日本年輕人進行特攻決戰的思想。到了 4 月 16 日上午 7 點 20 分，日本人再一次出動了 196 架特攻機和 200 架轟炸機，在 102 架戰鬥機的掩護下，發起了「菊水 3 號」作戰。

9 點 11 分，2 架自殺機突然從低沉的碎雲中竄出，直接朝著「無畏號」航空母艦衝去，「無畏號」躲閃不及，結果被飛機撞中甲板，一下子就把甲板炸開了一個大窟窿，艦面上的火苗亂竄。

與此同時，又有 1 架日本自殺機從「無畏號」航空母艦的尾巴方向以大

角度衝入，然後又垂直俯衝，穿進了飛行甲板，飛機和炸彈在甲板底部爆炸，只見碎片四射，這一次造成了更大一批人員的死傷，燒起的大火從艦首一直燒到艦尾。

而另一艘「埃伯爾號」巡洋艦則在80分鐘的時間裡遭受了22架自殺機的攻擊，總計有6架日機直接撞擊該艦。

雖然「埃伯爾號」奮力還擊，也擊落了多架日本自殺機，可是在一批又一批日本自殺機的連續猛攻之下，主舵機已經被炸壞，艦體幾乎被炸成了兩截。

在部隊遭受到日軍自殺式攻擊之後，美國人為了有效制止日本自殺攻擊的行為，特地研製了一種「將『鼠群』搗死在牠們『老巢』裡」的方法。也就是先出動大批的艦載機，持續不斷地轟炸日本的機場，爭取能夠做到斬草除根。這樣就可以讓日本飛機在起飛之前將其澈底摧毀。之後，日本人雖然又先後發動了「菊水4～10號」特攻作戰以及一系列的頻繁小規模攻擊，但是幾乎沒有收到什麼效果。

◇知識拓展◇

九州

九州，日本的第四大島，位於日本西南端，東北隔關門海峽與本州相對，東隔豐予海峽和豐後水道與四國島相望，東南臨太平洋，西北隔朝鮮海峽與韓國為鄰，西隔黃海、東海與中國遙對。舊為築紫、築後、豐前、豐後、肥前、肥後、日向、薩摩、大隅九國，遂稱九州。州在日語中為區域之意。

主島面積3.65萬平方公里，連同所屬小島面積約4.34萬平方公里，僅

次於本州和北海道,而比四國大。人口約 1,279 萬人(2020 年)。

主要城市有北九州(綜合工業城市)、福岡(商業中心)和長崎,大城市有北九州、福岡、熊本、長崎和鹿兒島等。1970 年代以來,電子工業迅速發展,有「矽島」之稱。九州目前是日本高科技產業的主要集散地。

諾曼第空降之戰〈1944〉──
驚醒睡夢中的諾曼第

◇作戰實力◇

諾曼第空降之戰盟軍軍事力量情況

飛機	架次	炮火	人員
1,100 架	4,500 架次	1 萬多枚	英軍第 6 空降師、美軍第 82、第 101 空降師(6,600 人)

◇戰場對決◇

部隊出航

1944 年 6 月 5 日深夜,持續幾天的陰暗天空呈現出一片灰暗。

在英國的某空軍基地上,飛機的引擎噴射出強勁的氣流,發出了巨大的吼聲。一架 C-47 型運輸機騰空而起朝天空飛去。

這其實是一架導航機,飛機上載著 10 名盟軍的空降引導員,他們攜帶著為整個空降師標示空降場用的信號設備。很快,第 1 梯隊,第 2 梯隊、第 3 梯隊⋯⋯就會尾隨其後,他們會朝著共同的空降目的 ── 諾曼第飛去。

要知道,這 3 個空降師可是當時美、英軍所擁有的全部空降部隊,各空

降師都被編成突擊、後續、海運等 3 個梯隊。

天降奇兵

6 月 6 日午夜，天空灰暗，狂風呼嘯，在空降前三小時，美國的中型轟炸機和戰鬥轟炸機就開始猛烈地轟炸了德軍在諾曼第的陣地。

當時美、英軍共出動 4,500 架次飛機，投彈一萬多枚，為馬上進行的降落傘兵開闢了空降場。

從午夜到凌晨 4 點，英軍的 1 個空降師和美軍的 2 個空降師分別在諾曼第半島的德軍「大西洋壁壘」海岸防禦工事後面進行了陸續的降落。

而此時此刻，盟軍也採取了一系列迷惑德軍的措施。許多盟軍的轟炸機都飛到了加萊地區，從空中散發了四處飄散的、被人們稱之為「金屬干擾帶」的錫箔片，而這些錫箔片會在德軍的雷達螢光幕上產生回波，使德國人誤認為是盟軍的大批傘兵部隊。

後來，當德國的防空雷達發現這些目標時，果然錯誤地判斷加萊地區遭到了盟軍的攻擊。

在戰前，德國人為了有效防止盟軍空降，已經於此處設置了由「隆美爾蘆筍」構成的反空降障礙物，這些障礙物就是在欄杆上拉起有刺的鐵絲網，並且還鋪設了地雷。可是，大部分障礙物卻沒有設置在傘兵著陸的地區，因為當時德國人估計盟軍的空降兵會在更遠一點的內陸空降，結果最後證實同盟國的軍隊在德軍駐地與海灘之間進行空降，簡直讓德國人不知所措。

空降突擊

到了 6 月 6 日凌晨，風力非常強大，美軍的大規模空降行動進行得不太順利，再加上半島上德軍的高射炮火密集而猛烈，讓許多美國的飛機駕駛員

不得不在高空快速盤旋，這種情況下傘兵部隊無法準確跳傘。

　　但是，最後一隊隊傘兵還是在漆黑的夜晚從空中降落下來。他們落地之後才發現 —— 自己居然沒有降落在預定的地點！緊張而嚴肅的戰士們緊握自動步槍，拿著匕首，準備割斷身上的吊傘索。

　　當時空投下來的美國第 101 空降師由傘降步兵第 501、502、506 團組成。美國的空降非常分散，有好幾批傘兵距離規定的傘降點遠達 25 英里，裝備損失了大約 60%，部隊集結也很困難，但是由於散布的面積廣泛，這樣也有助於迷惑德軍。

　　而且非常幸運的是，德軍在這一帶並沒有設下重兵。這樣，美國空降兵就有了充分的時間尋找隊友，由個人單獨行動，後來逐漸結成了小隊和班，陸陸續續到達指定地點集合。

　　到天亮的時候，他們已經集結了足夠的力量，控制住了猶他海灘各堤道的西面出口；可是在南面，他們卻無法及時摧毀杜沃河和卡朗唐運河上的橋梁。

　　直到登陸日這天中午，501 團團長才集合到了 200 名官兵，去完成占領和摧毀卡朗唐西北杜沃河上兩座橋梁的任務。

　　海軍艦炮火力岸上控制組和該團團長呼喚著重巡洋艦「昆西號」用 203毫米火炮射擊阻礙空降兵前進的敵軍陣地。

　　第 502 團的任務是占領 3 號、4 號通路的終點，並且構築一個環形的防禦陣地，之後向西和空降第 82 師會合。雖然該團大部分部隊都沒能按照指定的空降地區著陸，分布得很散，但是營長們卻盡量把人員都集合起來，向指定的目標前進。

　　很快，一個 15 人的小組就攻占了梅西埃雷斯村，而且還俘虜了 150 名

德軍。第 3 營的營長也率領約 75 名士兵在海灘通路推進，於 7 點 30 分順利到達了指定地點。午後不久，該營與正向內陸前進的第 4 師的登陸部隊順利會合。

李奇威的空降第 82 師由傘降步兵第 505、507、508 團組成，在德軍第 91 師的集結區的邊緣著陸，經歷了與第 101 師同樣激烈的戰鬥，最後只有一部分人到達指定地點。

4 點 30 分，第 505 團的一個營已經占領了位於交叉路口的要地聖梅爾埃格利斯村，並且成功擊退了德軍的猛烈反擊。而另一個營也順利奪取了梅爾德里特河上的兩座橋梁。

其他兩個團由於空降著陸之後分布得太散，截至到登陸日日終時，空降第 82 師的大部分人已位於聖梅爾埃格利斯村的周圍，而且還控制了瑟堡 - 卡朗唐公路幹線，這樣就可以把德軍第 91 師的全部兵馬束縛在原地。為了抗擊敵軍來自三個方向的攻擊，第 82 空降師總計有 156 人陣亡，347 人負傷，756 人失蹤。

英軍第 6 空降師當時降落在了盟軍反攻戰線東翼的康城東面一帶，而英國空降部隊的主要任務是奪取從康城到海濱一段奧恩河兩岸的重要橋頭堡。

在整個空降過程中，雖然也受到了風力太大的影響，許多傘兵落到了空降區的東面，但是英軍的各主要傘兵旅所發動的空降突擊行動仍然取得了非常圓滿的效果。他們把德軍從奧恩河和運河橋梁附近的朗維爾趕了出去，之後又為載有反坦克炮的滑翔機拿下了主要著陸區。

與此同時，150 名英國傘兵對梅維爾附近一座控制著劍灘海岸的炮臺進行了猛烈攻擊，而這 150 名傘兵也與防禦工事內的 180 名德軍展開了一場肉搏戰。儘管英國傘兵有一半的傷亡，但是最終還是摧毀了敵人的炮臺。

之後，盟軍的第 1 批後續梯隊在拂曉前開始空降，98 架滑翔機運載著 493 人以及裝備物資進行了增援和再補給。也是由於風大，有 20 架拖繩折斷，沒能著陸在預定地域，發生的事故也很多。

第 2 批空降的時候已經到了黃昏時分，256 架滑翔機有 246 架著陸在預定地區。午夜，又進行了第 3 批空降，這一次由於遭到了德軍艦炮的射擊，只有 20% 的補給品送到部隊手中。

雖然盟軍的傘兵沒能立即實現控制登陸地段後面地區的企圖，但是也在內陸占領了大約 7 英里的地段，並且成功吸引住了德軍的第 1 批反擊兵力。

◇知識拓展◇

C-47 運輸機

C-47 是一種雙引擎活塞式的軍用運輸機，是由 DC-3 客機改裝而成的，原型機於 1935 年 12 月首次試飛，1940 年開始裝備部隊。該機相繼有多個型別投產問世，總共生產 10,123 架。

C-47 系列是第二次世界大戰中最著名的全金屬結構軍用運輸機，其結構和外形的主要特徵展現在：機身較短粗呈流線型，機頭上部為 2～3 人駕駛艙，後機身左側有一個大艙門；機翼為懸臂式下單翼，兩側內翼前緣對稱裝雙引擎；尾翼由懸臂式的中平尾和單垂尾組成；採用可收放的後三點式起落架。

在第二次世界大戰後，C-47 也曾繼續發揮作用，如在 1948 年 6 月至 1950 年 5 月前蘇聯封鎖西柏林通道期間，美國空軍出動 C-47 飛機共 27,700 架次空運物資。

雷伊泰灣海空戰〈1944〉——
血染雷伊泰灣

◇作戰實力◇

雷伊泰灣海空戰軍事力量對比

	戰艦	航空母艦	飛機	巡洋艦	驅逐艦	護衛艦
美國	12	25	1,350	20	130	11
日本	9	4	516	21	35	0

◇戰場對決◇

為了奪取菲律賓群島，必先拿下雷伊泰島

1944 年 10 月 24 ～ 25 日，在第二次世界大戰的太平洋戰爭中，美國海軍與日本海軍為了爭奪雷伊泰島，在雷伊泰灣進行了一場空前大規模的海戰。

當時美軍的統帥部在 1944 年 6 ～ 7 月攻占了馬利安納群島之後，準備計劃奪取菲律賓群島。而美軍統帥部經過深思熟慮之後，決定這場戰役應該先從攻占雷伊泰島開始，因為雷伊泰島能夠控制太平洋通往南海的各個出口。

10 月 20 日，美軍在司令麥克阿瑟上將的率領下，開始從雷伊泰島登陸。而日軍統帥部當時發現了美軍在菲律賓的主要突擊方向之後，立即就向雷伊泰灣派去了 3 個艦艇編隊：中央編隊由戰艦、巡洋艦組成的主力，指揮官為栗田健男海軍中將；南方編隊包括有 2 個艦艇隊，指揮官分別為西村海軍中將和志摩清英海軍中將；北方編隊主要為航空母艦編隊，指揮官為小澤

治三郎海軍中將。

這 3 個編隊共有戰艦 9 艘，航空母艦 4 艘，巡洋艦 21 艘和驅逐艦 35 艘。在當時菲律賓地區的岸基航空兵大約有 400 架飛機，而艦航空兵大約有 116 架飛機，日本打算用這些力量來消滅雷伊泰地區的美軍航空兵。

日本海軍頑強阻擊

當時日本海軍的主要任務是在雷伊泰灣消滅美軍的入侵兵力，以及阻止美軍在雷伊泰島登陸。可是美軍的統帥部也識破了日軍的意圖，立即把金凱德海軍中將的第 7 艦隊和海爾賽海軍上將的第 3 艦隊展開，分布在通往雷伊泰島的接近水域。第 7 艦隊和第 3 艦隊共有戰艦 12 艘，航空母艦 25 艘，其中 6 艘輕航空母艦，18 艘護航航空母艦，飛機總共有 1,350 架，以及巡洋艦 20 艘、驅逐艦 130 艘、護衛艦 11 艘。它們的主要任務是協同已經在菲律賓附近行動的潛艇迎擊，以及各編隊互相配合，一舉殲滅駛向雷伊泰島的日本軍

10 月 24 日，美國的第 3 艦隊的航空兵開始攻擊駛入聖貝納迪諾海峽的日本中央編隊，一戰擊沉了日本的一艘戰艦。日本的中央編隊隨即轉向，準備返航。可是等到黃昏時分，日本這支不甘心失敗的編隊重新駛入聖貝納迪諾海峽，並於 10 月 24 日午之後順利進入了太平洋。原因就在於當時美國的第 3 艦隊已經離開了聖貝納迪諾海峽，準備出動所有的兵力去迎擊新發現的日本北方編隊。但是日本中央編隊並不幸運，當他們沿著薩馬島海岸向南行動的時候，又遭到了美國第 7 艦隊航空兵的攻擊。由於日本的中央編隊根本沒有航空兵的掩護，所以在距離美軍登陸地域大約 40 海里的地方不得不返航回到聖貝納迪諾海峽。

到了 10 月 25 日白天，美國第 3 艦隊航空兵攻擊了日本北方編隊，在恩

加尼奧角附近擊沉日本航空母艦 4 艘、驅逐艦 1 艘。

同樣，日本南方編隊的行動也遭到了失敗。10 月 24 日午夜，日本南方編隊的第 1 隊在駛往雷伊泰灣的過程中，在蘇里高海峽遭遇到了美國第 7 艦隊戰艦、巡洋艦的炮火攻擊，以及驅逐艦、魚雷艇的魚雷攻擊，結果全軍覆沒。而第 2 隊確信無法突破蘇里高海峽，所以決定返航。

當然，在這次交戰當中，日軍首次使用了「神風特攻隊」攻擊美軍航空母艦，最後擊沉 1 艘護航航空母艦，重創 4 艘，輕傷 1 艘。

日本海軍再也狂不起來

可以說這一場戰役是世界戰爭史上規模最大的一次海空戰，其實在戰術上並沒有什麼值得借鑑的地方，說到底就是上演了一場海空混戰。雷伊泰灣海空戰的結果是：日軍損失航空母艦 4 艘、戰艦 3 艘、巡洋艦 9 艘、驅逐艦 8 艘、潛艇 7 艘、損失飛機 500 架，另有 3 艘巡洋艦受重傷，傷亡約 1 萬人；而美軍損失航空母艦 3 艘、驅逐艦 3 艘、護衛艦 1 艘，損失飛機 100 餘架，傷亡 2,800 餘人，另有 6 艘航空母艦，1 艘巡洋艦、4 艘驅逐艦負傷。

在寬達 600 海里的正面戰場上展開了這次海空戰，也進一步說明了空軍在海上戰鬥中所發揮的作用日益增大，以及雷達各種裝備在海上夜間戰鬥中的重要意義。

在這一場戰鬥當中，日本海軍各編隊之間由於缺乏統一的指揮，無法協同行動。但其實無論是日本海軍還是美國海軍，各編隊之間在互通情報上都是非常差的。

最後，美軍由於在這次對日本海軍的作戰當中取得了巨大勝利，從而也全面掌握了太平洋地區的制海權和制空權，這對太平洋上往後戰爭的進程產生了很大的影響。

　　而日本海軍則遭到了毀滅性的打擊，再也無法對美國海軍構成重大威脅了。1944 年 12 月 20 日，美軍完全攻占了雷伊泰島，之後又利用雷伊泰島作為軍事基地，順利進攻了菲律賓群島的其他島嶼。

◇知識拓展◇

雷伊泰島

　　菲律賓維薩亞斯群島東部島嶼，位於宿霧島和保和島東面，薩馬島西南。西北至東南長 194 公里，東西最窄處寬僅 21 公里。山地縱貫全島，多火山，最高峰亞爾托山，海拔 1,349 公尺。面積 7,213 平方公里，人口 160 萬。

　　西南為丘陵地帶，東北是開闊的平原。東西兩岸多海灣，河流短小。氣候溫暖，北部受颱風影響。產稻、玉米、椰子、麻蕉、菸草、甘蔗和香蕉等。有錳和硫黃礦。主要城市塔克洛班、馬阿辛和奧爾莫克等。

氣球炸彈襲擊美國〈1944〉——
「白色魔鬼」的襲擊

◇作戰實力◇

日本氣球炸彈襲擊美國情況

階段	內容	氣球炸彈情況
第一階段	1944 年 8 月 1 日日本開始進行氣球炸彈試驗	幾百顆氣球炸彈
第二階段	目標美國舊金山	-
第三階段	最後的堅持	每月 1,500 個左右

◇戰場對決◇

一份被擱置的建議

1944 年 8 月 1 日，在日本四國島東部海濱的一個祕密軍事基地內，幾百顆乳白色的大氣球正攜帶著一束束炸彈緩緩升起，而等氣球到達高空之後，就會隨著氣流的推動越洋跨海向東飛去⋯⋯就這樣，第二次世界大戰中絕無僅有的氣象祕密武器 —— 氣球炸彈襲擊戰拉開了帷幕。

而這件事情的起因就是因為日軍在太平洋戰場中的節節敗退。從 1942 年 8 月美國及其盟國在索羅門群島發動了一系列的反攻以來，日軍開始接連敗北。到了 1944 年 8 月，日軍所占領的馬紹爾、加羅林、馬利安納群島及塞班島、關島等島嶼已經相繼落入盟軍手中，而且日本的周邊防衛圈也已經被突破，日本本土隨時都面臨著襲擊的危險，日本天皇在驚慌之中撤除了東條英機的首相職務，以小磯國昭取而代之。

當時為了擺脫軍事上接連失利的陰影，小磯國昭苦思冥想，費盡了心機。結果有一天，一份呈送給他的建議報告讓他心裡一振。報告是這樣寫的：

首相閣下：當前國運日蹙，國人甚憂。兩年前我曾有一份詳細的建議，以氣球炸彈遠襲美國本土，不料石沉大海，恐以束之高閣，今特再次舉議，望予關注，若能付諸實施，定可振我大日本帝國之威。

中央氣象臺：荒川秀俊博士

閱完報告之後，小磯國昭當即批示：著即派專人研究可行性。

最後，小磯國昭聽完了荒川科學的講述，大為折服，迅速擬定好了計畫報請大本營，並很快得到肯定的批覆。過沒多久，荒川的定高裝置也設計出來了，氣球的吊籃裡面裝有 30 個 2 ～ 7 公斤重的沙袋，這樣當氣球飛行低

於 9,000 公尺的時候，由於氣壓的作用，固定沙袋的螺栓就會自動解脫，這樣沙袋就會依次拋落，氣球也會因為重量減輕而升高。等到飛行高度高於 1.05 萬公尺的時候，氣囊的一個閥門就會自動打開，排出氫氣，那麼氣球便能降低高度。

乳白色的「魔鬼」

12 月的一天，美國一艘海岸警衛隊的近海巡邏艇正在加州海域執勤，結果觀察兵尖叫起來：「右前方，一片白色漂浮物！」

當巡邏艇靠上去之後發現是一頂降落傘，他們懷疑可能是飛行員訓練中遇險。可是艇上的士兵開始打撈，手觸到傘布時產生了懷疑。因為傘布非常的粗糙、生硬，他們開始拚命往艇上拉，但是水下的牽引繩似懸有重物。幾經周折，他們用盡了所有力量也拉不上來，只好揮刀斬斷了繩索。

而獲得的幾塊破片被送往華盛頓的海軍研究所檢驗。檢驗報告很快就出來了，這是一種氫氣球的殘片，而且是用精製的羊皮紙加塗植物性膠質製成，殘片上遺留的日文假名表明了它是來自於日本。

在當時，僅僅是「來自日本」的結論就足以把美國軍界給震撼了。幾艘艦艇緊急開赴事發海域，可是由於海水太深，打撈了兩天，都一無所獲。

當時發現氣球炸彈和造成傷亡的消息一個接一個，美國西部的居民幾乎以為世界末日即將到來，惶惶不可終日。

而在兩個月之後，舊金山則面臨著更大的威脅。一個白色的光點出現在海軍舊金山雷達站雷達的螢幕上，高度大約有 8,000 公尺，速度非常慢。「氣球炸彈！落點將是舊金山市區！」這時防空警報淒厲地尖叫著。商店關閉，工廠停工，車輛停駛。

不過，這一次和防範飛機空襲不同，人們並不急於鑽進防空洞，只是睜

大眼睛尋找那可怕的「天外來客」。

當時威廉波的西部防衛司令部正好設在舊金山，於是他立即命令飛機起飛。3 架戰鬥機起飛了，此時氣球高度已經降到了 6,000 公尺。飛機繞著目標盤旋，但是沒有任何辦法。因為擊落它，下面就是市區；如果不擊落它，它也會自由飄落。

「怎麼辦？怎麼辦？」

飛行員頻頻向指揮所發電報請示，而威廉波急得像熱鍋上的螞蟻，雖然是寒冬季節，手心裡卻溼漉漉一片。

只見「乳白色魔鬼」還在緩緩下降，5,000 公尺、4,000 公尺、3,000 公尺！舊金山街區的居民再也沒有心思賞景，紛紛抱頭四散。

而戰鬥機也只能圍著目標打轉，但是又不敢接近，無論是撞上氣袋，或是撞上吊掛的炸彈，都會機毀人亡。

突然有一架飛機駕駛不慎，竟然直衝「乳白色魔鬼」而去，直到快撞上時，飛行員才驚恐地拉起機頭，機身幾乎擦過氣袋。

而就是這個時候，奇蹟出現了：飛機的機翼和高速旋轉的螺旋槳掀起了一股強大的定向氣流，吹動氣球飄往飛機飛去的方向。

帶隊的哈根少校眼睛一亮，彷彿看見了救星：「快，按布魯斯中尉的動作，飛西南航向！」

因為當時舊金山的西南郊區是一片空曠的山地，那裡人煙稀少，不會造成多大的破壞。

莫名其妙的停戰

到了 1944 年底，美國開始使用馬里亞納基地，而日本列島也已經率先被美國列入了美國遠端轟炸機的作戰範圍，被氣球炸彈折騰了很長時間的美

國人開始尋求反擊，而反擊的前提肯定是要先找到日本的氣球製造廠和施放基地。這麼大的日本，到哪去找呢？

與此同時，美國所俘獲的氣球炸彈越來越多，而這一次，沙袋中保持平衡用的沙子引起了威廉波和參謀人員的注意。根據沙子的顏色、質地的差異，就能夠判定他們來自什麼地域。於是威廉波請來了對日本地形、地質非常有研究的專家學者，最後斷定沙子來自九州、四國和本州的 5 處海濱。

之後，在美國的航空偵察照片上發現了這些地方有白色的圓形物體。隨後，太平洋空軍就開始進行了大規模的轟炸。

但是即使這樣，日本的氣球炸彈作戰還是沒有停止，施放的氣球數量還是能夠達到每月 1,500 個左右。

當時，日本為了能夠繼續進行氣球襲擊戰，弄清氣球是否到達美國，日本決定在每組氣球中選一個安裝上無線電。可惜由於當時日本無線電的技術落後，氣球往往升空兩天之後就失去了回音訊號。

等到了 1945 年春，美國西部森林區域進入了火災危險期，當時威廉波憂心忡忡，他不僅擔心一場不及防範的森林大火會給美國帶來慘重的損失，更擔心日本會在氣球上吊裝細菌彈和化學彈。

因為當時有消息說，日本人在中國東北試驗使用細菌武器。可是到了 4 月底，「乳白色魔鬼」卻再也不見蹤影，這場罕見的空戰也莫名其妙的結束了，威廉波帶著萬分的慶幸等到了最後日本的投降。

◇知識拓展◇

東條英機

東條英機在其出任日本陸軍大臣和內閣首相期間（1941 年 10 月 18 日～

1944 年 7 月 22 日）發動了太平洋戰爭，並策動日軍攻擊了美國夏威夷珍珠港，瘋狂侵略、踐踏東南亞和太平洋 10 多個國家和地區，同時在中國發起衡陽會戰、常德會戰等侵華戰役，造成數以千萬計的生靈塗炭。有「日本第一兵家」之稱的石原莞爾因其才智有限，常蔑稱其為「東條上等兵」。

　　1944 年，東條英機因指揮無能導致戰事連連失利，最後眾叛親離，被迫辭去一切職務。在日本戰敗之後，東條英機開槍自殺未遂，1948 年作為法庭上日本罪行最大的戰犯被遠東軍事法庭處以絞刑。

日軍布勞恩空降戰 ——
皇軍傘兵的最後瘋狂

◇作戰實力◇

美日布勞恩空降戰軍事力量對比

	參戰部隊	指揮官
美軍	第 10 軍的第 1 機械化師，第 24 步兵師，第 24 軍的第 7、第 96 步兵師，空降第 11 師	華特・克魯格中將
日軍	步兵第 16 師團，步兵第 26 師團	司令官山下

◇戰場對決◇

叢林中的補給基地

　　1944 年 9 月 8 日，美軍參謀長聯席會議向美軍西南太平洋戰區司令部發布了一條命令，確定 10 月 20 日為向菲律賓「攻擊發起日」，並且決定先攻占雷伊泰島。

10 月 20 日凌晨，由美第 6 集團軍司令華特·克魯格中將指揮的第 10 軍的第 1 機械化師、第 24 步兵師和第 24 軍的第 7、第 96 步兵師分別從雷伊泰島的北面和南面大約 16 公里長的海岸線上發起攻擊，灘頭很快被占領。

日軍防守雷伊泰島的是步兵第 16 師團，駐菲律賓的日軍司令官山下奉文將軍原計劃在菲律賓的呂宋島利用有利地形進行作戰，但是對菲律賓其他各島則採取了逐次放棄的戰術，從而贏得時間，並加強呂宋島的防禦。

但是日軍統帥部獲悉美軍對雷伊泰島發動進攻之後，卻命令山下不惜一切代價堅守該島。原因就是日軍統帥部考慮到如果美軍在雷伊泰島建立了空軍基地，那麼日軍向其他島嶼的守軍運送部隊和和進行補給的所有主要航海線都會處在美軍的空軍攻擊範圍。最後，山下將軍根據日軍統帥部的新指示，除命令進入該島中部山區的第 16 師團堅守外，又集中了所有的船舶，調來步兵第 26 師團增援該島守軍。

當時克魯格將軍為了對付山下的防禦力量，增派空降第 11 師在貝蒂奧海灘登陸，並命令傘兵部隊從中央山脈向西海岸進攻。可是最後因為交通不便，傘兵的後方補給和運送傷患越來越困難，甚至想在叢林當中開闢一個簡易的機場都沒有必需的裝備。

在泥濘的山路和濃密的叢林當中，要花費很長時間和人力才能把 75 毫米口徑的榴彈炮向前推進。

這個時候，尼古拉斯·斯塔德赫爾上校使用了一架預定作為海空救援用的 C-47 飛機進行了 13 次單飛，在該師先鋒部隊比較容易到達的馬納拉瓦特一塊長 150 公尺、寬 50 公尺的空地上，傘降了第 457 野戰炮兵團「A」炮連的 75 毫米榴彈炮，炮兵從這個在叢林中開闢的空降場上向各個方向進行炮擊，從而對日軍造成了極大的威脅。

空地合擊

11 月 27 日夜，日軍派出了 4 架飛機運送一個 60 人的傘兵隊，襲擊了布勞恩附近的機場，但是在執行過程中，有 1 架飛機因為中途失事墜毀，1 架被美軍擊落，1 架迫降在水上沉沒，1 架則在布里的機場強行著陸，但是飛行人員又被殲滅。

為了重新奪回主動權，阻擊美軍的空中襲擊和運輸，山下將軍寫了一封書信給負責菲律賓中南部防禦的第 35 集團軍司令官鈴木宗作中將，要他「盡快占領布勞恩附近的機場，同時以火力控制塔克洛班和杜拉格機場」。

儘管鈴木他自己非常清楚根本就沒有力量進行這次進攻行動，但是仍然試圖用所有的兵力給予美軍最大的破壞。

鈴木決定實施一次小規模的破壞性空降突擊，從而奪取從布勞恩、聖巴勃羅到布里一帶的簡易機場。可是由於當時的運輸機不足，傘兵計劃分兩批空降。他們將得到第 16 師團和第 26 師團所發動的地面進攻的配合。這一行動被命名為「WA」行動。「WA」行動計畫規定，空降過程由 12 架戰鬥機擔任空中掩護，空降出發的機場為呂宋島上的安費雷斯和利帕機場，航線距離大約 600 公里，空降突擊定於 12 月 6 日晨開始。

但是鈴木中將在制定計畫時，高估了第 16 師團和 26 師團的力量。這兩個師團之前都在中國打過戰：第 16 師團由於戰鬥減員，這個時候兵力僅為1,500 人，其中只有 500 人還可以打仗，師團長牧野將軍把他們單獨編成一個營，由他親自指揮；第 26 師團在從呂宋島乘船到雷伊泰島增援的過程中遭到了美軍飛機的襲擊，受到重大傷亡，但它仍算是一個建制師。

12 月 1 日，鈴木帶著他的參謀人員進入山地，第 26 師團也開始沿著阿爾布艾拉至布勞恩的公路向東行軍，在途中與向西前進的美軍第 11 空降師

部隊相遇。在混亂的戰鬥中，日軍一個配有工兵的團隱蔽地撤出戰鬥，繼續悄悄地向布勞恩推進。

12 月 6 日凌晨，該師團按原計畫向布勞恩附近的機場發起了攻擊。牧野將軍帶領由 500 人組成的營攻打布里機場，當部隊接近布里的時候，遭到了美軍炮兵和 2 個坦克連火力的猛烈射擊，傷亡慘重，但是他們仍然堅持戰鬥，並於 6 點 30 分對機場發起攻擊，出其不意地襲擊了美軍的空軍勤務大隊和 C-47 運輸機中隊，有 300 名日軍突破美軍的防禦陣地，攻占了布里的簡易機場。

而在當天下午，美軍第 187 傘降步兵團的一個營發起反衝擊，把日軍趕出了機場。在地面戰鬥已經開始的情況下，駐紮在呂宋島利帕機場上的日本陸軍傘兵第 2 旅第 3 營共 500 人，在營長白井少佐率領下，於美軍已經收復的機場進行空降。

機場拉鋸戰

一時間，機場上到處都布滿了傘兵，美軍穿著防彈背心，用步槍和手槍射擊在黑暗中沿著機場跑道運動的人影。霎時間，槍炮聲、喊叫聲、爆炸聲連成一起。

日軍的傘兵營長白井少佐第一個在布里機場著陸，他在很短的時間內便把部隊集合起來，對機場設施以及停放的美軍飛機進行破壞，美軍飛機先後一架接一架的起火爆炸，火光把跑道照得通明。一輛吉普車和幾座帳篷也燃燒起來，而汽油燃燒又引起了彈藥爆炸，形成一片火海，越燒越烈的火焰映紅了夜空。在一片混亂中，美軍機場勤務人員撤到機場南側，臨時構築了防禦工事，繼續對日軍的進攻進行頑強的抵抗。

9 日午夜，150 多名日軍向美軍發起進攻，被美軍擊退。10 日，美軍的

兩個團在炮兵支援下，經過激戰，將日軍包圍。

晚間 7 點 30 分，日軍對美軍發起了攻擊。日軍的這一次進攻，奪取了部分陣地，但在一個美軍野戰醫院附近又碰上了 50 多名美軍司令部人員，他們堅守著環形陣地，讓日軍第 226 師團的進攻遭到重大挫折，最後只好被迫透過山地向西退卻。

到了 12 月 11 日，被圍在布里機場的日軍全部被殲，其營長白井少佐於 1945 年 1 月底獨自逃回山區日軍指揮部。

此次空降作戰是日軍在第二次世界大戰中最後一次空降突擊。日軍雖然損失了一支空降特遣隊和兩個步兵師，也沒有奪占美軍占領的機場，可是成功摧毀了美軍 100 多架飛機和儲藏在布勞恩周圍簡易機場上的大量補給物資，讓美軍第 11 空降師的兩個先鋒團幾乎在一週之內沒有得到空中補給，也讓當時依靠布里和聖巴勃羅機場擔負空中補給任務的美軍第 5 航空隊，無法執行任務。

◇知識拓展◇

呂宋島

位於菲律賓群島北部，菲律賓面積最大、人口最多、經濟最發達的島嶼。人口約 2,400 萬，約占全國人口的 1/2，是菲律賓人口最密集的地區。面積 104,688 平方公里，約占全國面積的 35%。是菲律賓首都及主要都市馬尼拉及奎松市的所在地。

在菲律賓群島北部，東接菲律賓海，南臨錫布延海，西瀕南海，北隔呂宋海峽與臺灣相望。主要河流有卡加延河、邦板牙河、巴士格河等。北部受颱風影響較大。植被以熱帶雨林和熱帶季雨林為主。海岸線曲折，長 5,000

公里左右。有許多港灣，位於馬尼拉灣畔的首都馬尼拉是最大港口。礦產有金、鉻、銅、錳、鋅、煤等。為全國經濟中心。

美國人的報復〈1945〉——
火燒日本島

◇作戰實力◇

美軍轟炸日本島軍事力量一覽表

戰爭階段	飛機數量	投彈數量
第一次轟炸	48 批次的轟炸機	5,000 噸炸彈和燃燒彈
第二次轟炸	300 多架 B-29 轟炸機	近 1 萬噸的燃燒彈

◇戰場對決◇

美軍對日本本土實施登陸作戰的計畫

1944 年 12 月，美軍參謀長聯席會議根據戰況的發展，擬訂了在日本本土實施登陸作戰的計畫。美軍的設想是在占領沖繩島之後，加緊對日本進行轟炸和海空封鎖，從而摧毀敵人頑強的抵抗意志。之後美軍於 1945 年 11 月在日本南部的九州進行登陸，建立海空基地，這樣就為 1946 年 3 月在日本本島登陸創造了條件。所以到了 1944 年底，美軍的飛機轟炸日本本土的次數變得更加頻繁，而且每次編隊的機群也越來越龐大。

就這樣，日本人在猛烈的爆炸聲和刺耳的空襲警報聲中迎來了 1945 年的新年。1 月分，柯蒂斯‧李梅將軍被任命為第 21 轟炸機指揮部的司令官，而柯蒂斯‧李梅向來主張在白天進行精確轟炸的戰術。而且他在歐洲作戰的

時候，就成功安排過 B-17 轟炸機在德國的白天進行精確轟炸。

結果這一次柯蒂斯‧李梅剛剛上任，第 21 轟炸機指揮部依舊是以晝間精確轟炸為主，以夜晚轟炸為輔。

具有政治色彩的大轟炸

到 1945 年 3 月 9 日，美軍從馬利安納群島一共起飛了 48 批次的轟炸機，其中有 16 次都是在白天高空進行精確轟炸，還有 6 次是對東京、名古屋、神戶等城市的工業區進行的具有政治色彩的大轟炸。

據統計，美國轟炸機總共對上述目標投下了 5,000 噸炸彈和燃燒彈。即使是這樣，美軍的參謀長聯席會議對這一階段的轟炸效果還是不滿意，他們認為，這種透過白天高空精確轟炸對付當時工業較為集中的德國產生過很大的作用，但是卻沒有讓日本的生產進度放慢多少，原因就在於日本三分之二的工業都分散在小工廠裡，所以精確轟炸是無法奏效的。

火燒東京

最後，柯蒂斯‧李梅經過 48 小時的深思熟慮，果斷決定改白天的高空精確轟炸為夜間低空面積轟炸，而且還要求轟炸機攜帶燃燒彈，柯蒂斯‧李梅打算火燒東京。

後來，為了最大限度地發揮出燃燒彈的威力，每架 B-29 轟炸機都要求卸下槍炮，這樣一來就可以省下很多重量，而且不必形成高空精確轟炸那種緊密隊形，也不必飛到 3 萬英尺，所以能節省許多油料重量。總共算起來可以使每架 B-29 轟炸機比平時多掛載 65% 的炸彈，也就是達到 7 噸以上的水準。如此，300 多架 B-29 轟炸機便可攜帶 2,000 噸以上的燃燒彈，足以覆蓋東京的大部分地區。

3 月 9 日下午 5 點 36 分，第一架 B-29 轟炸機從關島機場飛臨日本上空。當時領頭的 2 架導航機以 300 英里的時速交叉掠過目標上空，日本的高射炮手還沒有來得及調轉炮口，B-29 轟炸機便隆隆地飛走了，在它們的身後甩下了兩串可怕的燃燒彈。

幾秒鐘之後，兩條火龍驟然騰起，人們奔跑逃命，好像瘋狂的老鼠一樣到處亂撞。在人們的頭頂上是雷鳴般的爆炸聲，而街道上到處都是火蛇亂竄，火光中清清楚楚聽見人們恐怖的尖叫聲。

漸漸地，熊熊的火焰逐漸由橘黃色變成了白色，一陣陣濃煙升向高空，地面也被火光映成了橙色。凶猛的火焰吞噬著一切可以燃燒的東西，把金屬融化了，房屋的瓦片在火中也變成了黑色粉末，連那些藏在防空洞裡面的人也被活活烤死了。

在這一次空襲過程中，有 9 架 B-29 轟炸機被擊落在火海裡，5 架受到損害，最後勉強飛離東京後迫降在海面上，其餘的 42 架 B-29 轟炸機安然無恙地返回了空軍基地。

而這一夜的大火也使得東京 25 萬座建築物付之一炬，造成 100 萬人無家可歸。可以說這次美國火攻東京是人類戰爭史上單獨一次轟炸造成最大損害的一個戰例，它造成的損害甚至比後來在廣島、長崎投擲的原子彈造成的損害總和還要大。

日本的其他城市相繼變成火場

在火燒東京之後不到 30 小時，317 架 B-29 轟炸機又夜襲名古屋，該市的飛機製造廠很快化為一團火焰。13 日，擁有 30,073 人口的日本第二大城市大阪也遭到 300 架 B-29 轟炸機的轟炸，1,700 噸的燃燒彈從天而降，大約 21 平方公里的市區在 3 小時之內就被焚毀。3 月 16 日，厄運又再一次降臨

到了神戶的頭上，2,300 噸燃燒彈將神戶變成了火堆，神戶的造船中心也在這次轟炸中化為烏有。

就這樣，在短短的 10 天內，第 21 轟炸機指揮部共出動 B-29 轟炸機 1,600 架次，到 19 日，由於美軍燃燒彈告罄，才不得不停止對日本本土的轟炸。在這連續的轟炸中，美機共投下了近 1 萬噸的燃燒彈。

苟延殘喘的日本戰時經濟

美軍這次史無前例的從空中火攻日本本土的戰鬥，無疑縮短了戰勝日本軍國主義的時間。

自從 3 月 9 日日本主要城市經歷了燃燒彈襲擊之後，日本老百姓的情緒十分低落。日本城市居民有 850 萬人逃往鄉下，而且工廠的工人缺勤率在 1945 年 7 月分已經達到 49%。

可以說這時的日本經濟已經到了山窮水盡的地步：油工業生產下降了 83%，飛機引擎生產下降了 75%，飛機骨架生產下降了 60%，電子裝備生產下降了 70%，還有 600 多家主要軍事工廠不是被炸彈炸毀，就是遭到嚴重破壞。至此，美國長時間的對日戰略轟炸終於取得了明顯的效果。

◇知識拓展◇

燃燒彈

燃燒彈是指裝有燃燒劑的航空炸彈、炮彈、火箭彈、槍榴彈和手榴彈，又稱縱火彈。主要用於燒傷有生力量，燒毀容易燃燒的軍事技術裝備和設備。通常由彈體、燃燒劑、炸藥或拋射藥、引火管、引信等組成。

燃燒劑多選用鋁熱劑、黃磷、凝固汽油、稠化三乙基鋁和稠化汽油等，用於產生高溫，毀傷目標；拋射藥或炸藥用於將彈體炸碎，將燃燒劑引燃拋

散至目標。

在現代戰場中使用較多的就是燃燒航空炸彈，常用的有混合燃燒航空炸彈和凝固汽油航空炸彈。前者裝有鋁熱劑的稠化汽油，彈體較小，彈重約 10 ～ 50 公斤；後者裝有凝固汽油和黃磷，彈重可達 500 公斤。

對日原子彈轟炸〈1945〉——
震驚世界的一次轟炸

◇作戰實力◇

廣島原子彈投放計畫美軍情況表

飛機	主要任務	重量級武器
大藝術家號	把原子彈爆炸的無線電資料發射回去的發報機。	「小男孩」原子彈
B-29 飛機	拍攝照片	
艾諾拉・蓋號	投彈機	

◇戰場對決◇

選定目標城市

在 1945 年 4 月羅斯福總統逝世後不久，美國陸軍部長史汀生就敦促新總統杜魯門成立委員會，研討原子政策，也就是我們大家熟知的「臨時委員會」。「臨時委員會」在報告中建議白宮盡快把原子彈投向日本，而且事前毋須發出明確的警告。

當時為了讓首次原子彈轟炸的效果達到近乎完美的地步，美國決定選一個在當時幾乎不曾遭遇轟炸的日本城市為目標。當時可以考慮的日本城市有

4 個：京都、小倉、新潟和廣島，而長崎是最後才加上去的。

選定目標之後，8 月 2 日從關島的美國戰略空軍司令部向天寧島的第 509 飛行大隊發出一道絕密的作戰命令，定於 8 月 6 日投放原子彈，而首選目標是廣島市區及其工業區。

投彈前的氣象勘測

8 月 6 日凌晨，天寧時間 1 點 37 分，蒂貝茨的第 509 飛行大隊派出了 3 架 B-29 型轟炸機作為先遣的氣象觀測機，從天寧的島北機場起飛，分別前往日本的廣島、小倉和長崎上空，進行氣象偵察。當時的計畫是：如果發現首選目標廣島上空雲層較厚，那麼攜帶原子彈的飛機將飛往其他兩個備選城市中氣象條件較好的。

一架名為「同花順號」的氣象觀測機於當地時間 7 點 09 分飛近了廣島市郊區。極目所及，下面是一片雲海，城市被密雲遮蓋著。不過，幾分鐘後，雲層散開，廣島全景呈現在眼前。在計畫指定的投彈地點，下面的城市更是一覽無遺，甚至機組人員都可以看見一片片草地。

7 點 25 分，氣象觀察機離開廣島向基地天寧返航，並且發出了一封電報：「低層雲，1 ～ 3/10ths，中層雲，1 ～ 3/10ths。建議轟炸第一目標。」

廣島所有時鐘從此永遠停在 8 點 15 分 17 秒

接到氣象情報之後，蒂貝茨轉身對領航員希歐多爾‧范柯克上尉說：「目標廣島。」這時「艾諾拉‧蓋號」剛剛飛到 9,760 公尺的投彈高度。

7 點 50 分，這架巨型轟炸機抵達四國島，越過四國島就是本州和廣島。「就要開始投彈了，」蒂貝茨用機內通話裝置宣布，「請大家都把護目鏡放在前額，投彈計數開始後便戴上，要一直到爆炸閃光過後，才能摘下來。」

8點13分30秒，蒂貝茨對投彈手湯瑪斯・費里比少校說：「看你的了。」這時這架「超級空中堡壘」用自動駕駛儀操縱，在廣島上空9,640公尺高度，以對地時速460公里向西飛行著。

費里比少校俯身把左眼貼在轟炸瞄準器上，透過轟炸瞄準器，費里比看到的是自己非常熟悉的地形，就跟他反覆研究過的廣島市目標照片一模一樣。瞄準點在太田川7條支流中最寬闊的支流的一座主要橋梁上，而這個時候，這座橋正逐漸移近瞄準器的十字標線。

「目標找到了！」費里比說，隨即開動自動同步器，計算這項轟炸任務的最後一分鐘。45秒鐘後，他扭開無線電發出音訊訊號，表示15秒後要投彈。

隨行的一架B-29是運載儀器的飛機「大藝術家號」，它放慢速度使自己和「艾諾拉・蓋號」拉開大約900公尺的距離。另一架隨行的B-29飛機開始盤旋，為拍攝照片調整方位。8點15分17秒，「艾諾拉・蓋號」的炸彈艙門自動打開。

當時投彈的時間和操作都是根據費里比送進瞄準器的資料用電控制的。他的手指則按在一個電鈕上，如果炸彈無法脫落，他就往下一按，進行手動投彈。無線電計數聲突然停止。費里比看見那顆細長的原子彈尾部朝下掉出去，接著便翻了個身，彈頭朝下向廣島落下。而此時的飛機由於突然減少了4噸多的重量，機身猛然上升。蒂貝茨使飛機向右方猛拐，以傾角60度急轉彎158度，然後使飛機向下俯衝加速，盡快逃離原子彈的爆炸中心。

而此刻，隨行的「大藝術家號」飛機的彈艙門也打開了，3個傘包落下。接著，降落傘打開。吊在降落傘下面的是滅火器似的圓筒，它們是要把原子彈爆炸的無線電資料發射回去的發報機。

廣島的地面和天空都非常平靜，人們與往常一樣。可是突然間，天空閃

出一團藍白色的強烈亮光，廣島所有的時鐘從此永遠停在 8 點 15 分 17 秒。原子彈在離地面 580 公尺的高度爆炸，形成了一個大火球。

後來有一個目擊者描述那團光在上升及散開時的情景：「先由白色轉為粉紅，再轉為藍色，也有的人似乎看到了五六種鮮豔的顏色，還有的人說只在一團白光中看到一道道金光，好像是一個照相用的大閃光燈泡在廣島市上空爆裂一樣。」

這顆投在廣島的「小男孩」，其威力相當於萬噸三硝基甲苯炸藥。當時，「艾諾拉·蓋號」的機組人員看見在他們底下數公里的地方，出現了針頭大小的紫紅色光點，隨即立刻擴大成為了一團紫色的火球。接著火球又爆發成一群亂舞的火焰，吐出一圈圈的濃煙。從紫色的雲霧中升起一根白色煙柱，迅速上升到 3,000 公尺高空，開了花，形成一個巨大的蘑菇煙雲。這個蘑菇煙雲，如同沸水一般上下翻滾，繼續上升到 15,000 公尺左右的高空。

而在幾公里之外，坐在觀察機「大藝術家號」上的科學家們正聚精會神看著爆炸記錄儀。在拍攝照片的飛機內，物理學家伯納德·沃爾德曼博士正坐在投彈手的位置上，操縱著他從美國帶來的高速電影攝影機。炸彈投出後他開始計數，到 40 秒的時候開啟了攝影機。

廣島上空的大氣被原子彈的爆炸力攪動翻騰了整整一刻鐘，接著就開始落下巨大的雨點。嫋嫋上升的原子雲柱帶著放射性塵埃大點大點地落下來，這陣神祕可怕的「黑雨」讓廣島上的倖存者們嚇得魂飛魄散。

日本在巨大壓力下不得不低頭

在此之後，8 月 8 日，蘇聯對日本宣戰。8 月 9 日至 9 月 2 日，蘇軍出兵中國東北對日作戰，進行遠東戰役。

8 月 9 日，B-29 型轟炸機在日本長崎又投下了第二顆原子彈。

8 月 15 日，日本宣告接受《波茨坦宣言》，無條件投降。9 月 2 日，在東京灣美國「密蘇里號」戰艦上，日本簽署了投降書。至此，第二次世界大戰也正式結束。

◇知識拓展◇

原子彈

原子彈（nuclear weapon）是核武器之一，主要是利用核反應的光熱輻射、衝擊波和感生放射性造成殺傷和破壞作用，以及造成大面積放射性汙染，阻止對方的軍事行動以達到戰略目的的大殺傷力武器。

核武器主要包括分裂武器（第一代核武，通常稱為原子彈）和融合武器（也稱為氫彈，分為二級及三級式）。也有些還在武器內部放入具有感生放射的輕元素 ，以增大輻射強度擴大汙染，或者是加強中子放射以殺傷人員，例如中子彈等等。

沖繩島戰役〈1945〉──
琉球群島的「神風」

◇作戰實力◇

美日沖繩島之戰傷亡情況

	人員情況			飛機	艦艇情況	
	士兵死亡人數	士兵被俘人數	平民死亡人數		擊沉	擊傷
美國	4.4 萬人	-	2.6 萬人	763 架	36 艘	368 艘
日本	9 萬餘人	7,400 人	約 10 萬人	7,830 架	16 艘	4 艘

◇戰場對決◇

沖繩島 —— 通往日本的「跳板」

沖繩島戰役是美軍在第二次世界大戰中非常重要的一次戰役。這次戰役的主要成果就是奪取了通往日本本土的有利戰略陣地，而從投入兵力的數量上來看，這也是太平洋上最大的一次戰役。

美軍在太平洋戰爭中所攻占的最後一個島嶼的這場戰鬥，也是日本自殺式襲擊的恐怖例證，當時的日本空軍敢死隊就是以美軍的船隻為目標的。由於害怕戰爭失敗，當時的日本士兵們非常恐慌，老百姓更是紛紛自殺。最後，由於美日雙方在沖繩島這一戰的傷亡率，促使美軍改用原子彈進攻日本本土。

1945 年年初，日本已經無法避免被西方盟軍擊敗的命運，但是當時人們又害怕日本不願意承認自己戰敗而讓戰爭持續更長的時間。

日本儘管在太平洋戰場上嚴重受挫，可是卻一直控制著東南亞的眾多地區，人們甚至認為日軍的領導層將會撤出日本本土，之後在朝鮮、滿洲國和中國的基地繼續進行作戰。

當時美軍從太平洋東部的越島開始作戰，之後橫跨大洋，於 1945 年 3 月抵達了硫磺島。而美軍的下一個目標就是位於臺灣和九州中間的琉球群島，在這群島嶼中最大的就是沖繩島，它位於琉球群島的中部，全島形成狹長的形狀，是西太平洋海空最為重要的交通要衝，戰略地位十分重要。如果美軍能夠占領這裡，就可以從此處對日本進行更具有毀滅性的空襲，同時沖繩島也將成為進攻日本的發射場地。

「冰山行動」

美軍把這一行動稱為「冰山行動」，此次行動的主要作戰部隊是尼米茲上將的第 5 艦隊，大約運送了 18 萬美國第 10 軍團的士兵，而且美國的這次還將與英國的 4 艘航空母艦和 1 艘戰艦展開聯合行動。

儘管美軍已經具備了海上的優勢，他們還是害怕日軍會進行持續的空襲。當時的臺灣和九州仍然在日本人手裡，而且日本派出越來越多的空軍敢死隊，也就是當時著名的「神風特攻隊」，而「神風特攻隊」飛行員的自殺式任務就是把裝滿炸藥的飛機撞在美軍的船隻上，從而造成美軍船隻的嚴重損毀。

在行動剛剛開始，美軍就對九州和臺灣的日本空軍基地進行了空襲，他們試圖透過這樣的空襲來消除日本對美國侵艦隊的空中威脅。

可是不久，日本的空軍敢死隊就開始不斷襲擊美軍主要的航空母艦，進行報復。當時美國的軍艦「富蘭克林號」就遭受了重創，最後只能被迫拖走。

和美國航空母艦的木製甲板相比，英國那些鋼製甲板的航空母艦顯然更能夠抵抗日本空軍自殺式的襲擊。

美國的空軍想盡辦法阻攔日軍的自殺式空襲，美軍的海軍則從陸地準備進攻沖繩島，而入侵前的戰鬥則由當時的護衛船隊率先拉起。最後，美軍透過努力攻占了慶良間島，而該島的攻占為美國的入侵艦隊提供了一個安全的停泊地點，而且值得慶幸的是，美軍在這個島上發現了除了神風突擊機之外的另外一種小艇，是專門用來對付入侵艦隊的，這 350 艘小艇填滿了炸藥，而它們的繳獲就大大消除了日本對盟軍船隻的威脅。

「神風特攻隊」的自殺式襲擊

作戰正式開始於 4 月 1 日，一支誘敵的進攻隊伍率先把日軍的防禦注意

力轉移到了南部海岸,而實際進行入侵的登陸艇則載著 6 萬多人的部隊開往西部海岸的沙灘。在登陸的過程當中,美軍並沒有遭到多少日軍的抵抗,因為當時日軍的計畫是保衛遠處的島嶼。而當美軍在登陸場聚集的時候,日軍卻派出大約 355 架的神風突擊機。

結果,這一次日本空軍敢死隊的進攻讓美國的艦隊損失了兩艘驅逐艦以及一些小型船隻,但是當時日軍建造的最大戰艦「大和號」也遭到了回擊,雙方經過 4 個小時的空襲之後,「大和號」最終沉入了海底,而且還另外損失了 4 艘驅逐艦和 1 艘巡洋艦,可以說這次行動為日本海軍的輝煌歷史畫上了句號。

防禦的代價

當美軍進一步向內陸地區推進的時候,遇到了一系列的困難,例如相互連接的掘進岩石裡的可怕地堡,美軍士兵沒有辦法,只好花費大量的時間、力氣逐一清除據點裡面的地堡,這樣的工作使美軍士兵一個個筋疲力盡,對提高美軍士氣毫無幫助。

美國海軍所發動的攻勢是在兩個戰場進行作戰,他們奔走於島嶼的南北兩端,而這道防線最終在 4 月 24 日被突破,可是美軍在首里城堡展開了另一場流血的衝突。當時首里城堡的地表之下有很多像迷宮一樣的隧道,這讓美軍感到非常頭疼。但是透過側翼進攻,這座城堡最終在 4 月 28 日被奪取。到了 6 月 21 日,島嶼南部的抵抗終於崩潰了,群島的首府也於 5 月 27 日被美軍攻占。當時美軍進行這場戰鬥可謂非常的吃力,因為他們一面要進行進攻,一面又要迎接幾乎連續不斷的日本空軍敢死隊的自殺式襲擊。最後據統計,日軍的敢死隊總共約出擊了 3,000 架次的飛機,當然這也讓日本自身的空軍力量消耗殆盡,而美國在日軍空軍的自殺式攻擊中,一共有 21 艘美軍

戰艦受到損失。

在這場戰鬥當中，日軍的損失高得驚人，這也反映出了自殺式防禦的功效到底有多大，至少有 107,500 人戰亡，大約有 2 萬日本軍人被美國士兵活埋在防空洞、地堡等當中。美軍之所以這麼做，是因為他們寧願把日軍的這些防禦力量密封起來，也不敢冒生命危險試圖去俘虜他們。除此之外，日軍大約損失了 4,000 架飛機，美國的第 10 軍團只有 7,374 人陣亡，32,056 人受傷，美國海軍的傷亡人數加起來沒有超過一萬人，後來統計，有 5,000 人喪生，4,600 人受傷。

但是對於美國來說，這是一場用輕微代價獲得的巨大勝利，因為這場戰鬥使日軍的空軍力量被大大削弱了。接著美國繼續對日本進行空襲，對日本的工業和平民造成了巨大的破壞。

◇知識拓展◇

神風特攻隊

神風特別攻擊隊，簡稱「神風特攻隊」，由日本海軍中將大西瀧治郎提倡成立，是在第二次世界大戰末期，特別是日本在中途島戰役失敗之後，為了抵禦美國空軍的強大優勢、挽救其戰敗的局面，於是利用日本人的武士道精神，按照「一人一機、一彈換一艦」的要求，對美國艦艇編隊、登陸部隊及固定的集群目標實施的自殺式襲擊的特別攻擊隊。

神風特攻隊全部是由十六七歲的青少年組成，當時，面對盟軍的最後進攻，一批又一批稚氣尚未脫盡的日本青少年，就在空戰中高呼「效忠天皇」的口號，駕駛飛機衝向對方與之同歸於盡。

奇襲大和島〈1951〉——
志願軍首次實施大規模轟炸作戰

◇作戰實力◇

志願軍轟炸大和島軍事力量情況表

戰爭階段	飛機（架）			彈藥（枚）	
	圖-2 轟炸機	La-11 戰鬥機	米格 -15 戰鬥機	100 公斤爆 破彈	100 公斤燃 燒彈
第一次轟炸	9	16	24	8/ 架飛機	1/ 架飛機
第二次轟炸	9	16	24	7/ 架飛機	2/ 架飛機

◇戰場對決◇

對大和島的一次成功轟炸

1951 年 11 月 6 日，一群雙引擎的圖 -2 螺旋槳式輕型轟炸機對大和島進行了一次成功的轟炸。

1951 年 10 月底，中國人民志願軍總部決定，出動空軍，密切配合地面部隊進攻和占領大和島，於是命令航空兵第 8 師的 9 架圖 -2 轟炸機在 11 月 6 日下午 2 點之前做好戰鬥準備，聽從總部的指揮，進行轟炸大和島的大和洞村敵情報機關和指揮機構。而當時的航空兵第 2 師的 La-11 戰鬥機則負責全程的護航任務，最後由第 3 師的米格 -15 戰鬥機擔任空中掩護任務。

11 月 1 日，志願軍的空軍首長向各參戰部隊下達了作戰命令。第二天，志願軍的空軍就出動了飛機通過車輦館，到椴島、小和島、大和島進行了兩次航空偵察行動，隨即查明了島上的部署和工事情況，為轟炸部隊對大和島執行轟炸任務和地面部隊的登陸作戰提供了可靠的情報資訊。

1951 年 11 月 5 日夜晚，志願軍的地面部隊攻克了大和島附近的椴島。

11 月 6 日，空軍聯合司令部指揮所命令空軍第 8 師 22 團 2 大隊於當天下午 2 點 35 分開始行動。之所以會選擇這個時間，其實是志願軍指揮員經過深思熟慮的。在每天下午 3 點左右，敵人的戰鬥機大機群在朝鮮半島北部地方的活動已經基本結束，開始逐漸返航。且過不了多久，由於天色漸暗，敵人的飛機也通常不再出動。而志願軍這個時候起飛，正是抓住了敵人飛機休息的空隙，乘虛而入，首次出動，就讓敵人出其不意。

在當日下午 2 點 35 分，隨著「啪！啪！」兩顆綠色信號彈上升在蔚藍色的天空當中，18 顆螺旋槳在停機坪上同時急速運轉起來，9 架草綠色的圖 -2 轟炸機帶著雷鳴般的引擎轉動聲音騰空而起。

起飛之後，這 9 架圖 -2 轟炸機編成大隊楔隊出航。在每架飛機上各載有 100 公斤殺傷極強的爆破彈 8 枚，100 公斤的燃燒彈 1 枚。40 分鐘後，16 架趕來的 La-11 活塞式戰鬥機也加入到編隊當中。

就這樣，龐大的混合機群浩浩蕩蕩地橫過天際，朝著大、小和島飛去。

當時擔任掩護任務的空軍 3 師 7 團按照之前制定好的計畫，於下午 3 點 21 分準時從浪頭機場起飛，24 架米格 -15 噴氣式戰鬥機一升空就編織成為了威武嚴正的團楔隊，沿著關家堡子、義州向戰區高速飛行。下午 3 點 38 分，掩護機群分秒不差地到達宣川、身彌島的上空，在 7,000 公尺的高度進行巡邏活動，時刻嚴密監視著周圍空域的情況。

由於這次作戰行動極為隱蔽和突然，而且各機種之間配合默契、協同精確，讓當時出兵朝鮮半島的美國空軍感到迷惑，甚至是愕然。

聯合編隊機群幾乎在沒有美軍飛機攔阻的情況下，就列著整齊的隊形，迅速向目標挺進。

飛行員們早在地面訓練中就非常熟悉目標特徵，當聯合編隊機群距離大和島還有 30 公里距離的時候，大隊長韓明陽就發現了目標。

而這個時候，大和島上的敵軍才如夢初醒，利用高射機槍等防空設施在慌忙情況中向中國人民志願軍機群開火，一團又一團沒有規則的火花、濃煙在志願軍飛機的周圍綻開、翻騰。

下午 3 點 39 分，22 團 2 大隊的 9 架圖 -2 飛機飛臨到了大和島上空，立即把復仇的炸彈猶投下目標，就好像是瓢潑的大雨傾瀉而下，頓時大和島上大火彌漫，鬼哭狼嚎，敵人急忙向在南韓的美軍第 8 集團軍發出求救。

當時美國人做夢都沒有想到，在他們眼中不起眼的中國人民志願軍空軍居然會使用飛機和炸彈轟炸部隊。當美國空軍的幾十架「佩刀」式戰鬥機匆匆從南韓趕到大和島進行救援的時候，志願軍的轟炸機群已經完成任務，勝利返航了。

擋不住的轟炸

當時盤踞在朝鮮半島西海面，大和島上的南韓李承晚傀儡集團的部隊以及美國軍隊在 1951 年 11 月 6 日遭到志願軍空軍的突然轟炸之後，殘存的部隊開始將他們的指揮機構轉移到島上的燈塔。他們一方面繼續進行偵聽，搜集志願軍航空兵活動的情報，另一方面又派遣特務潛入朝鮮半島北部的西海岸地區進行破壞活動。

當中朝人民空軍聯合司令部指揮所得知這一消息之後，決定以航空兵第 8 師的 9 架圖 -2 轟炸機為主力，由航空兵第 2 師的 16 架 La-11 戰鬥機護航，航空兵的第 3 師 24 架米格 -15 戰鬥機作為空中掩護，於 11 月 30 日下午 3 點 25 分再一次轟炸大和島燈塔的敵人指揮機構，並且配合地面部隊進行渡海作戰。

當時的具體部署是：圖 -2 轟炸機各攜帶 100 公斤殺傷力的爆破彈 7 枚，100 公斤的燃燒彈 2 枚，於當天下午 2 點 20 分從于洪屯機場起飛，以奉集堡作為航線的起點，在鳳城以北的上空與 La-11 飛機進行會合；La-11 飛機則應該於下午 2 點 29 分從鳳城機場起飛完畢。在起飛之後，沿著預定航線飛行，迎面發現轟炸機群之後，左轉彎與其會合組成大型的混合機群，擔任全程的護航任務；而米格 -15 飛機則應該於下午 3 點 04 分從浪頭機場起飛，下午 3 點 20 分到達大和島東北 25 公里處的身彌島上空，並且到達指定高度，以空中搜護的方式來保障轟炸機的戰鬥活動不會受到敵機的干擾和破壞。

當天下午 2 點 19 分 30 秒，這比預定時間提前了 30 秒，志願軍空軍第 8 師 24 團 1 大隊的大隊長高月明率領 9 架圖 -2 飛機起飛，經奉集堡出航。由於本來起飛的時間就提前了 30 秒，再加上編隊集合過程中帶隊長機轉彎過早等各種原因，最後比規定時間提前 5 分鐘到達預定會合點，直至到了鳳城以南上空時才與擔任直接護航任務的第 2 師 16 架 La-11 型戰鬥機順利會合。

下午 3 點 07 分，混合機群比原定計畫提前 4 分鐘到達指定空域。如果是陸軍搶占山頭的作戰，那麼這 4 分鐘的時間可能會為很多人爭取到寶貴的生存時間，減少重大的傷亡。可是，現代化的協同作戰要求做到分秒不差。

當時擔任掩護任務的第 3 師米格 -15 型戰鬥機仍然按照原計畫向身彌島上空飛行，由於轟炸機在失去噴氣式戰鬥機的掩護情況下進行戰鬥，結果遇到了意外。

敵人的 30 多架最新式的 F-86 噴氣式戰鬥機朝著轟炸機編隊飛來，而志願軍的 20 多架活塞式螺旋槳飛機還是二戰時使用的。所以，從裝備上，志願軍就處於劣勢。而敵人的飛機從前後左右構成了強烈的火網，向志願軍的轟炸機群襲來。

當然，志願軍的轟炸機也不示弱，每架飛機的射擊員、通訊員都朝著美國飛機開炮，用飛機上的航炮構建成強大的火力網進行大力反擊。

敵人見編隊攻擊不成，於是又改變了戰術，化編隊攻擊為單機閃電般地連續交叉攻擊，意欲分頭擊破。

而在志願軍轟炸機與敵機進行頑強抗擊的同時，擔任護航任務的戰鬥機也與敵人的戰鬥機進行著殊死的搏鬥。他們利用活塞式戰鬥機轉彎靈活的性能及 3 門炮的強大火力，在轟炸機編隊周圍 1 公里的範圍內，一邊與美國的 F-86 噴氣式戰鬥機格鬥，另一面繼續掩護轟炸機朝著大和島飛行。

最後，經過 8 分鐘激烈的空戰，志願軍的轟炸機群終於衝破了層層阻攔，於下午 3 點 20 分 10 秒飛到了大和島上空，堅決、果斷、準確地對目標實施了轟炸，頓時美國和南韓的特務部隊駐地變成了一片汪洋火海。

◇知識拓展◇

米格 -15 噴氣式戰鬥機

米格 -15 是由蘇聯米高揚 - 古列維奇飛機設計局設計的噴氣式戰鬥機，被視為世界第一代噴氣戰鬥機的代表之一。

米格 -15 是一種高亞音速噴氣式戰鬥機，於 1946 年開始設計，1947 年 6 月首次試飛，由於第一架原型機製作粗糙，第一次著陸就發生了機毀人亡的慘劇。

第二架原型機重新設計，12 月首次試飛成功。1948 年 6 月投入生產，並成為前蘇聯空軍的主力戰鬥機。

據統計，米格 -15 各型飛機生產總數超過了 16,500 架，是蘇聯製造數量最大的噴氣式飛機。

中國首次獲得米格-15飛機可能是在 1950 年 10 月。當時，蘇軍在中國華東地區協助防空的巴季茨基部隊即將回國，隨即向中國有償轉交了該部隊使用過的 38 架米格-15 戰鬥機。

一江山島戰役〈1954〉——
中共空軍首次參加聯合登陸作戰

◇作戰實力◇

一江山島戰役雙方軍事力量對比

	兵力	傷亡情況
中國人民解放軍	6,000 官兵，188 艘艦艇，200 架飛機	393 人陣亡，1,024 人受傷
國民黨軍隊	約 1,040 人	720 人陣亡，300 多人輕重傷

◇戰場對決◇

中國人民解放軍歷史上第一次陸、海、空三軍的聯合立體作戰

1955 年 1 月 18 日，中國人民解放軍華東軍區的陸、海、空三軍指戰員對盤踞在一江山島的國民黨殘餘軍隊發起了聯合作戰。最後，經過 10 個多小時的激烈戰鬥，解放軍取得了全殲敵人守軍、占領了全島的重大勝利。

而且這次戰役也是中國人民解放軍歷史上第一次陸、海、空三軍的聯合立體作戰。解放軍總共投入了三個軍種的十幾個兵種，4 個加強營、27 個突擊分隊、9 個炮兵營，以絕對的優勢兵力，打了一場有絕對把握取得勝利的戰鬥。

貓頭洋海域的護漁戰

1954 年 3 月，奪取制空、制海權的戰鬥首先從貓頭洋海域的護漁戰開始。3 月 18 日凌晨，解放軍「興國」、「延安」等 8 艘艦艇行進至北澤島附近海面時，當即與前來襲擾的國民黨海軍的 3 艘「太字號」大小護衛艦、1 艘「永字號」大小掃雷艦、1 艘「江字號」大小獵潛艦以及 1 艘小型的炮艦展開了激烈的海戰，最後解放軍擊傷了 2 艘國民黨的戰艦。

受到重創的國民黨軍不願善罷甘休，於當日下午 2 點多出動了 7 艘艦艇，在戰鬥機的掩護下，向解放軍正在執行護漁護航任務的「興國」、「延安」兩艘船艦和部分巡邏艇展開了報復性攻擊。

這一情況被迅速傳到了華東軍區的防空司令部，參謀長陸紹基當即下令駐寧波的海軍航空兵 6 團起飛進行支援。

最後經過激烈的空戰，解放軍成功擊落了 2 架美制 F-47 型戰鬥轟炸機，打擊了國民黨空軍的氣焰。而解放軍浙東前線部隊也趁機擴大了攻勢，海軍艦艇部隊在貓頭洋海域與國民黨海軍的艦艇進行了多次海戰，最後擊傷了「太字號」大小護衛艦、「永字號」大小掃雷艦等多艘艦艇。

也就是「三一八」海空戰及以後的幾次護漁海戰，初步改變了浙東沿海的鬥爭形勢，從此之後，國民黨軍的飛機和艦艇不得不加緊收縮活動範圍，改而進行偷襲行動，特別是解放軍停泊在港灣裡的艦艇。

但是，由於解放軍的海、空軍進行了嚴密的監視，結果就在不到半年的時間內，海、空軍航空兵部隊先後擊落國民黨敵機 10 架、擊傷 4 架，進一步控制了浙東沿海的制空權。

進一步打擊國民黨的計畫

解放軍為了取得制海權，浙江前線的聯合指揮部決定在短時間內擊沉國

民黨中型以上的艦艇 1 到 2 艘，從而再一次打擊敵人的氣焰，奪取戰區的制海權。

當時解放軍選用了從蘇聯進口的速度快、機動性能好、殺傷威力較大的魚雷快艇進行隱蔽待機，在海上伏擊國民黨海軍的艦艇。

就這樣，在連續隱蔽待機了 13 個晝夜之後，11 月 13 日午夜，解放軍岸上的指揮所雷達螢幕上突然出現了一艘敵艦，接著從外形上判斷出這是一艘「太字號」大小的護衛驅逐艦。

14 日凌晨 1 點多，紀智良向 1 中隊下達了出擊作戰的命令，海面上，朱洪禧和鐵江海所在的 155 艇一馬當先，156、157、158 艇成單縱隊緊緊相隨。1 點 28 分，解放軍的魚雷快艇發現了國民黨「太平號」艦艇。

而在 1 點 35 分左右，艇隊已經接近到離敵艦大約 4 海里的位置，155 艇首先出戰，兩條烏龍般的魚雷呼嘯而出，直奔目標。緊接著，156、157、158 艇也相繼發射了魚雷，到了早上 7 點 24 分，「太平號」就這樣消失在茫茫大海之中。

經過半年多的較量，中國人民解放軍取得了浙東沿海絕對的制空權和制海權，為進一步打下一江山島奠定了基礎。

最後的一搏

1955 年 1 月 18 日這一天，東海的海面上晴空萬里，但是這看起來似乎是暴風雨前的寧靜，人們等待的是一場更大「狂飆」的降臨。

到了上午 8 點開始，解放軍的空軍、海軍 3 個轟炸機大隊、2 個強擊機大隊依次呼嘯凌空，劃破藍天，把 127 噸的炸彈先後投在了一江山島以及周圍的海面上，水柱、烈焰頓時遮天蔽空。

上午 9 點，解放軍先後進行了 13 次轟擊，20,000 多枚炮彈就好像紅色

的龍捲風，盤繞在一江山島上，頓時一江山島成為了一片沸騰的火海。

下午 1 點 30 分開始，解放軍的 100 多艘登陸艇組成了 28 個分隊，在戰鬥機、護衛艦和魚雷快艇的掩護下向一江山島發動了總進攻，分別於下午 2 點 29 分、30 分、37 分在不同地區搶灘登陸獲得成功。

178 團 2 營 5 連首先於下午 2 點 29 分在北一江山島的樂清灘登陸成功。5 連戰士乘勝進行衝鋒，連長毛坤浩身先士卒，即使自己頭部身負重傷，依然扛著紅旗衝在隊伍的最前面，在衝擊敵人的第 2 道戰壕時由於失血過多，最後暈倒在地上。當時的通訊員立刻接過了紅旗，繼續領頭進行衝鋒。下午 3 點 5 分，這面紅旗最終成功插上了國民黨司令部所在的主峰 203 高地。

這場戰鬥打得十分慘烈，其中解放軍的一艘登陸艇被國民黨軍的箭彈擊中，艦艇上的 55 位指戰員犧牲到只剩 5 個人，可是他們仍然堅持戰鬥，並順利完成了作戰任務。

擔任登陸的突擊隊是剛剛從韓戰戰場歸來的解放軍第 20 軍 60 師。當解放軍第 60 師 178 團 5 連進攻敵人 203 高地的時候，已經率領 700 多名守軍奮勇抵抗解放軍 3 天的國民黨軍上校司令王生明開始使用無線電話向大陳島總部交代遺言：「所有預備隊都已用上了……共匪距離我 50 米，只剩下一顆手榴彈給自己。」極度失望的王生明拉響了掛在身邊的手榴彈。

對於當時的中華民國而言，失去一江山島，等於又失去了一個可供反攻作戰的跳板，卻使美國對我國大為改觀，並促成了《中美共同防禦條約》的簽訂。

◇知識拓展◇

「太平號」戰艦

「太平號」是當時國民黨海軍艦隻中排位第七的一艘護衛艦。1946 年由美國贈送給了國民黨海軍。「太平號」全長 289.5 尺，寬 35 尺，6,000 匹馬力，排水量 1,430 噸，艦載官兵 200 餘人。

主要武器系統有：76.2 毫米艦炮 4 座，40 毫米艦炮 4 座，20 毫米高射機關炮 10 門，深水炸彈發射裝置 9 座。

「太平號」戰艦作為當時國民黨海軍的主力艦之一，特別是憑藉其相對解放軍海軍的技術和裝備優勢，經常在東南沿海地區展開攻擊行動。

胡志明小徑的空戰〈1965〉 —— 叢林上空的大決鬥

◇作戰實力◇

胡志明小徑的空戰的兵力總計

參戰人數	參戰飛機
美國陸軍 2,500 人，越南南方政權 7,000 名特種兵	T-28 教練機，B-57 輕型轟炸機，F-100 戰鬥機，F-105 戰鬥機，B-26 轟炸機，B-52 重型轟炸機，C-130 運輸機，改裝後的「空中炮艦」AC-47、AC-119、AC-130 等，F-4 戰鬥機，UC-123 飛機，EC-121 電子偵察機

◇戰場對決◇

10 萬人奮戰兩萬公里的迷宮

在越南戰爭期間，「胡志明小徑」成為了胡志明部隊祕密支援南方游擊隊作戰的最重要通道。

據當時美國的刊物披露，美軍曾經絞盡腦汁對其展開了多年的絞殺，包括動用強大的航空兵進行狂轟濫炸，以及投放大量先進感測器進行追殺，但是最後計畫都沒有得逞。

在 1959 年初，胡志明下令開闢一條支持南方作戰的「特殊通道」，這就是所謂的「胡志明小徑」。在此之後，胡志明部隊專門成立了第 559 運輸大隊。6 月 10 日，胡志明部隊第一次透過「特殊通道」向南方運送武器裝備，當時每一名運輸工大約可以運送 4 支步槍或者大約 20 公斤的彈藥。

可是到了 1960 年，「特殊通道」居然被敵人意外發現了。1961 年初，胡志明的部隊不得不對這條祕密路線進行了一系列調整，被迫繞過寮國進行作戰物資的運送。而運輸工具也是使用改裝之後的腳踏車，駄運大約 200 公斤的作戰物資南行，先後有 10 萬多人參加了這些活動。

1964 年，隨著南方作戰的需求，胡志明部隊開始使用中國和蘇聯的機械，對「特殊通道」進行了擴建，使這條祕密的道路可以行駛卡車，這樣就大大提高了作戰物資運送的速度和數量。不僅如此，新的「特殊通道」還祕密建造了一系列的地下兵營、倉庫、工廠和油庫等設施。

萬人祕密破壞戰

當時美軍發現「曲徑通幽」的「胡志明小徑」之後，十分惱火，決定要先展開一場祕密的戰鬥。1964 年初，美國開始向寮國施加壓力，要求寮國摧毀

境內的「特殊通道」。到了 8 月分，經過寮國的同意，美軍的偵察機開始飛到「特殊通道」的寮國段進行空中偵察。到了 10 月 14 日，寮國也出動 T-28 教練機進行了空中偵察。

12 月，美軍的戰鬥機開始獨自對寮國境內的「特殊通道」展開了襲擊，企圖炸斷寮國境內的「胡志明小徑」。

1965 年 4 月，美軍的戰鬥機又開始進行頻繁的空襲作戰。於是，幾乎每天都有美國的戰鬥機飛往寮國進行轟炸。但是，當時為了不引起外交上的麻煩，美國戰鬥機飛到其他國家的襲擊行動並沒有對外宣布。而且當時的美軍飛行員也有嚴格的規定：一旦在寮國上空被擊落死亡或者是被俘，家屬只能得到「他在東南亞失蹤」的通告。

1965 年 2 月，美國陸軍特種部隊指揮官率領的「非常規戰」越南南方僱傭軍的地面組前往寮國，這些小組當時美其名是去寮國學習的「觀察組」，實際上則是專門破壞「胡志明小徑」的。

在長達 6 年的時間裡，這些小組執行了數百次的祕密破壞任務。他們一旦確定了目標，就會立即呼叫美國的戰鬥機前來實行空中襲擊。不僅如此，這些小組還瘋狂捕殺胡志明游擊隊員、埋設地雷和偷襲「特殊通道」設施等。

在整個祕密戰的行動中，美國陸軍先後動用 2,500 人，而越南南方政權也出動了 7,000 名的特種兵，對「特殊通道」造成了非常大的破壞。

「鋼虎」行動中的狂轟濫炸

後來，美國發現胡志明的部隊仍然在透過「特殊通道」源源不斷地向南方輸送兵力和作戰物資後，變得更加恐慌。時任美國國防部長的麥克納馬拉明確表示，要設法阻止胡志明部隊向南方滲透。

1965 年 3 月，美軍藉口越南南方航空基地遭到襲擊，於是展開了「滾

雷」戰役，開始對北方胡志明部隊進行了猛烈的空襲。與此同時，美軍航空兵也乘機對「胡志明小徑」的寮國段展開了絞殺戰，這就是代號的「鋼虎」轟炸行動。

4月3日，美軍第一次出動了2架B-57輕型轟炸機對寮國路段實施了轟炸。之後，美軍的其他戰鬥機也相繼投入到了這場空襲作戰中，包括F-100、F-105戰鬥機和B-26轟炸機。到了12月，可攜帶近30噸炸彈的B-52重型轟炸機也第一次轟炸了寮國境內的「胡志明小徑」。

當時越南面對美國的瘋狂空襲，「胡志明小徑」上的運輸卡車不得不夜間行駛。由於駕駛員對路況非常熟悉，所以夜間行駛也不用開燈。卡車白天不行駛的時候，都被塗上綠漆或蓋上綠樹枝進行偽裝。

於是後來美軍的航空兵又展開了夜襲戰，一般由C-130運輸機先投擲照明彈，之後其他戰機負責攻擊，機型主要包括運輸機改裝的「空中炮艦」，例如AC-47、AC-119和AC-130等。後來，由於胡志明的部隊加強了防空，到了1967年，美軍不得不開始大量使用最為新式的戰鬥機F-4進行空襲作戰。

更令人感到恐怖的是，美軍為了阻止「特殊通道」的運輸，甚至不惜破壞當地的生態環境，居然使用UC-123飛機向沿途的森林噴灑脫葉劑。這樣，美國飛機就可以透過光禿禿的樹林非常清晰地看見地面目標，從而實施攻擊。

高技術隔離帶的截殺

1966年，美國國防部長麥納馬拉對空襲越南北方已經失去了信心。在「滾雷戰役」結束之後，負責國際安全事務的助理國防部長麥克諾頓建議，在越南中部狹窄之處建立一條東西向的高技術隔離帶，從而隔斷「特殊通道」的使用。其中，在寮國境內的隔離段寬度大約為16公里，並且投放各種先

進的感測器，隨時監視卡車等車輛的行駛。

1966 年 9 月，麥納馬拉決定下令實施這項工程。由於胡志明部隊進行了強大的反擊，越南段的工程最後不得不放棄。美軍也只好在寮國境內修建隔離帶。當寮國境內的隔離帶修好之後，美軍的戰鬥機和地面的特種小組又開始投放了 2 萬多個震動和音訊感測器。只要胡志明的部隊車隊一經過，感測器馬上就會記錄車隊的行動方向和速度等資料，自動發送信號，這樣美國戰鬥機就可以進行隨時追殺。

為此，美軍還在泰國建立了代號為「阿爾法特混部隊」的滲透監視中心，負責感測器的信號接收和處理工作。

11 月，美軍派出了 EC-121 電子偵察機進行空中信號的接收，並且轉發滲透給了監視中心。這一工作一直持續到戰爭結束。但是，由於當時感測器的電池只能使用幾週時間，所以，美軍只能經常地投放新的感測器。

百萬游擊隊員祕密深入

雖然美軍長時間以來一直拚命地進行轟炸和破壞，但是根本無法阻止胡志明部隊透過「特殊通道」向南方運送兵力和作戰物資。最後在 1970 年 3 月 6 日，美國的尼克森總統不得不承認：美軍針對「特殊通道」寮國段的絞殺戰是失敗的。

實際上，這一切都是因為尼克森總統低估了「胡志明小徑」運送兵力的能力。最後到越南戰爭結束的時候，胡志明部隊透過「特殊通道」向南方輸送了多達 100 萬的游擊隊員。

◇知識拓展◇

胡志明小徑

「胡志明小徑」是胡志明部隊向南方游擊隊祕密運送兵力和武器裝備的通道的總稱,「胡志明小徑」其實是擁有從北方榮市經過中部的非軍事區通往南方多個地區的多條路線。

事實上,美軍一直都沒有搞清楚「胡志明小徑」到底有幾條路。後來軍事歷史學家普拉多斯分析說,「胡志明小徑」應該有 5 條主路、29 條支路,還有一些捷徑和「旁門左道」,預計總長度將近 2 萬公里。

以色列特種部隊夜襲恩德培機場〈1976〉——代號「閃電」行動

◇作戰實力◇

以色列解救人質行動

人數	其他方面
突擊隊員 200 人	3 架飛機,摩薩德諜報人員的幫助

◇戰場對決◇

「特急 —— 摩薩德」

1976 年 6 月 27 日下午,以色列內閣正在召開例會,下午 1 點 30 分,會議室的門開了,運輸部長雅各比閃身進來,直接走到拉賓總理的身邊,耳語了幾句,隨後遞上一份標有「特急 —— 摩薩德」字樣的密件。

以色列情報機構摩薩德是世界上僅僅次於美國中央情報局和前蘇聯國家安全委員會的世界第三大情報機構。他們依靠一流的設備、一流的人員，已經在世界各個角落結成了一張龐大的情報網。可以說從國際動向到各國情況，都在摩薩德的監視和掌控之中。而且摩薩德的工作效率也是非常高的，在139次航班與地面失去聯絡僅僅是幾分鐘，摩薩德就作出了這架飛機有可能已經被劫持的判斷。

當時拉賓總理看完密件之後，就中斷了內閣會議。

下午3點30分，以拉賓總理為首，由國防部長裴瑞斯、運輸部長雅各比、外交部長阿隆、司法部長查德克、不管部長格利里及總參謀長格爾等人迅速組成了危機對策委員會，即「應急指揮部」。

拉賓總理的表情非常嚴肅，緊抿著嘴唇，坐在會議長桌的一端，會場上更是籠罩著一片緊張而神祕的氣氛。

「各位，今天上午11點左右，法航公司的139次航班在愛琴海上空被劫持，機上有100多名以色列人。目前，該機在利比亞班加西機場加油後，正飛向非洲中部。」

會場上安靜無聲，彷彿空氣都停止了流動。拉賓總理繼續說：「139次班機被劫，是一個特殊事件。很明顯，這是衝著我們來的。機上有100多名猶太人，劫機犯妄圖以此為王牌，向我們施加壓力。我們能否處理好這件事情，不僅關係到人質的生命安全，而且還關係到我們以色列在國際上的聲望，所以必須予以高度重視。」

「目前，我們還不清楚劫持者的具體目的，以及機上人員是否還安全。當務之急就是要弄清楚情況，分秒必爭地從各方面做好準備。為了便於協調統一，現在由應急指揮部全權負責處理此次事件。」

摩薩德諜報人員頻繁活動

就在拉賓總理一聲令下之後，摩薩德部署在世界各地的諜報人員也開始活動起來，他們運用各種方法，很快就搜集到了有關 139 次航班以及乘客的消息。過沒多久，各種情報就源源不斷地發給了拉賓總理。

6 月 27 日下午 3 點 10 分，以色列的特務發來一份密電：「被劫持的 139 次班機已在利比亞班加西機場著陸並加油，似有再次起飛跡象。」

到了午夜，又有一名情報人員發來密電：「已查明，指揮劫持飛機的是巴勒斯坦游擊隊的激進分子、解放巴勒斯坦人民陣線的瓦第·哈達德醫生。」

瓦第·哈達德是一名瘋狂的國際恐怖分子的領導人，在他的指揮下，曾經於 1972 年 5 月劫持了一架比利時薩伯納航空公司的噴氣式客機，最後飛機降落在本 - 古里安機場。但化裝成維修人員和食品搬運工的以色列特種部隊奪回了飛機並擊斃了 3 名游擊隊員，救出了 79 名乘客。

不久，從倫敦方面傳來了有關劫機情況的最新情報，原來被劫持者當中有一位叫海曼的 30 歲孕婦，由於當時有早產的危險，所以最後經劫機者同意在班加西獲釋後，乘利比亞飛機回到倫敦。這一重要的情報就是倫敦警察廳從海曼夫人口中得知的。

後來根據海曼夫人介紹：139 次班機從雅典機場起飛 5 分鐘後，就被飛機上的 4 個人劫持，其中一男一女看起來好像是德國人。他們把偽裝成罐頭的炸藥安放在飛機的入口處。為了加油，飛機在班加西作了短暫停留，他們最終目的地好像是非洲中部某個與其友好的國家。

6 月 28 日凌晨 3 點，特務人員又從烏干達發來了密電：「139 次航班已在烏干達首都坎帕拉的恩德培機場降落。」

應急指揮部迅速做出反應，阿隆外長利用外交手段向相關國家通報了這

一情況，而且派巴列夫試探一下烏干達總統阿敏的態度。

6月29日上午，巴列夫撥通了阿敏的私人專線電話。

阿敏轉達了劫機者的條件：釋放關押在特拉維夫監獄中的40名阿拉伯聖戰士，包括日本的赤軍隊員岡本公三。並規定7月1日下午2點為最後期限。超過時限，他們每隔1小時，就殺死1名人質。

「閃電行動」的軍事營救計畫

這樣的條件以色列是不可能答應的，為了救出人質，以色列成立了以總理拉賓、國防部長裴瑞斯為首的行動指揮部，由步兵-傘兵司令肖姆龍擬制了代號為「閃電行動」的軍事營救計畫。

1976年7月4日，以色列突擊隊深夜發動大膽的偷襲，以解救在烏干達的恩德培機場被親巴勒斯坦劫機者扣留的105名人質。

當時恐怖分子威脅說，要在當天的晚些時候開始槍殺飛機上的大部分以色列人以及猶太人。

由200名突擊隊員組成的救援部隊分乘3架飛機從以色列飛行了2,000多英里到達恩德培，他們在機場一端引爆了幾個爆炸裝置，透過這樣的方式來分散烏干達部隊的注意力。

突擊隊的偷襲對於許多以色列人來說是意料之外的，因為他們內心以為政府還在跟劫機者談判。

最後，200名突擊隊員僅僅用了53分鐘便制服了烏干達衛兵，擊斃了7名恐怖分子，救援部隊僅有一名指揮官喪生，而這個人就是以色列前總理班傑明‧納坦雅胡的哥哥約納坦‧納坦雅胡。

後來，以色列人在耶路撒冷悼念這位在解救人質行動中陣亡的英雄戰士。

　　以色列突擊隊成功救出了被困在烏干達首都恩德培機場的全部 105 名以色列人質，雖然其中有 3 人死亡，但這也是解救人質史上最成功的範例，以色列「野小子」特種部隊震驚了世界，他們用自己真實而出色的戰績，贏得了世界上最優秀的特種部隊的稱號！

　　而且為鞏固和加強這些活動，聯合國會員國於 2006 年 9 月商定了一項全球反恐策略，從而邁向反恐工作的新階段。這項策略標誌著聯合國全體會員國第一次就一項打擊恐怖主義的共同策略和行動框架達成一致。

◇知識拓展◇

摩薩德

　　全稱為「以色列情報及特殊使命局」(The Institute for Intelligence and Special Operations)，官方網站：http://www.mossad.gov.il，分希伯來文和英文兩種版本。

　　1948 年以色列國成立後，「哈加拿」為「以色列國防軍」所代替，僅僅在六週後，「沙亞」為「對外情報機構」所代替，也就成為了摩薩德的前身。

崩壞的秩序　硝煙四起的歲月

國軍密謀空襲臺灣、比核爆更慘烈的火燒東京、讓美軍吃癟的神奇小徑……從 60 場經典戰役看近代各國戰爭史

作　　者：陳深名，趙淵

編　　輯：柯馨婷

發 行 人：黃振庭

出 版 者：崧燁文化事業有限公司

發 行 者：崧燁文化事業有限公司

E-mail：sonbookservice@gmail.com

粉 絲 頁：https://www.facebook.com/
　　　　　sonbookss/

網　　址：https://sonbook.net/

地　　址：台北市中正區重慶南路一段六十一號八
　　　　　樓 815 室

Rm. 815, 8F., No.61, Sec. 1, Chongqing S. Rd.,
Zhongzheng Dist., Taipei City 100, Taiwan (R.O.C)

電　　話：(02)2370-3310

傳　　真：(02) 2388-1990

印　　刷：京峯彩色印刷有限公司（京峰數位）

國家圖書館出版品預行編目資料

崩壞的秩序 硝煙四起的歲月：國軍密謀空襲臺灣、比核爆更慘烈的火燒東京、讓美軍吃癟的神奇小徑......從 60 場經典戰役看近代各國戰爭史 / 陳深名，趙淵著 . -- 第一版 . -- 臺北市：崧燁文化事業有限公司 , 2021.09
　　面；　公分
POD 版
ISBN 978-986-516-813-1(平裝)
1. 戰史 2. 世界史
592.91　　110013659

電子書購買

臉書

定　　價：375 元

發行日期：2021 年 09 月第一版

◎本書以 POD 印製